21世纪科学前沿 21st CENTURY SCIENCE

干细胞 Stem Cells

[英]卡罗琳·格林/著　丁瑶/译

华夏出版社
HUAXIA PUBLISHING HOUSE

图书在版编目（CIP）数据

干细胞 /（英）卡罗琳·格林（Caroline Green）著；丁瑶译. ——北京：华夏出版社，2017.1
（21世纪科学前沿）
书名原文：21st Century Science: Stem Cells
ISBN 978-7-5080-8996-6

Ⅰ.①干… Ⅱ.①卡… ②丁… Ⅲ.①干细胞—青少年读物 Ⅳ.①Q24-49

中国版本图书馆CIP数据核字（2016）第252921号

21st Century Science: Stem Cells
First published in 2011
under the title 21st Century Science: Stem Cells by Tick Tock, an imprint of Octopus Publishing Group Ltd
Endeavour House, 189 Shaftesbury Avenue, London WC2H 8JY
Copyright © 2012 Octopus Publishing Group Ltd
All rights reserved.

版权所有，翻印必究。
北京市版权局著作权登记号：图字01-2012-8563号

干细胞

作　　者　[英]卡罗琳·格林
译　　者　丁瑶
责任编辑　王占刚　许　婷

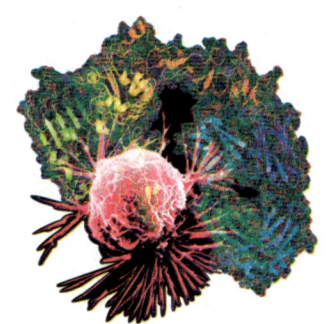

出版发行　华夏出版社
经　　销　新华书店
印　　刷　永清县晔盛亚胶印有限公司
装　　订　永清县晔盛亚胶印有限公司
版　　次　2017年1月北京第1版
　　　　　2017年1月北京第1次印刷
开　　本　690×940　1/16开
印　　张　9
字　　数　70千字
定　　价　25.00元

华夏出版社　网址：www.hxph.com.cn　地址：北京市东直门外香河园北里4号　邮编：100028
若发现本版图书有印装质量问题，请与我社营销中心联系调换。电话：（010）64663331（转）

目录 Contents

引言

什么是干细胞？ /002
伦理雷区 /004
障碍 /005

第一章　细胞的世界

第一个细胞 /010
细胞的种类 /010
细胞在做什么？ /013
细胞的死亡 /014
什么是干细胞？ /017
短暂的历史 /025
细胞系 /026

第二章　医学的突破

应用现状 /032

干细胞来自哪里？ /033
当前的研究 /033
其他来源 /034
诱导性多功能干细胞 /037
未来的挑战 /037
细胞来源 /039
目前的疗法 /043

第三章　未来的希望

神经元的作用 /049
神经系统的疾病 /051
运动神经元疾病 /051
帕金森病 /053
神经系统损伤 /056
干细胞的作用 /060
第一批试验 /062

第四章　干细胞和糖尿病

什么是糖尿病？/066

胰腺的作用 /071

胰岛的种类 /072

治疗糖尿病 /075

糖尿病和干细胞 /078

第五章　干细胞科学

防线 /084

干细胞的帮助 /084

筑造一颗新心脏 /086

近期的研究 /087

更安全的检测方法 /092

药物测试出错时 /092

干细胞和癌症 /096

瞄准 /097

干细胞和血液研究 /101

人造血液 /104

第六章　挑战和进步

科学丑闻 /110

干细胞和伦理 /112

干细胞和政策 /113

组织排斥的难题 /117

替代疗法 /122

细胞失控的危险 /123

正常细胞与癌细胞 /123

第七章　走向未来

什么是基因疗法？/130

组织工程学 /132

细胞和支架 /132

干细胞———切皆有可能 /136

初级阶段 /136

名词解释 /138

引 言

医学前沿

人类利用大自然的资源已经有几千年的历史了。"生物技术"这个词听起来挺时髦,但实际上,任何一个科学分支,如果使用了部分或全部的生物体来创造成果,那它就是生物技术。我们的祖先利用真菌或酵母酿酒、做面包或做奶酪,那其实就是早期对生物技术的使用。

今天,如果要给"生物技术"一个更全面的定义,那就是:利用活细胞制造或修正产品,来改善动植物或是培养微生物,以实现特定目的的任何科学分支。和所有新兴科学分支一样,干细胞研究引发了极大的轰动和争议。不过,这个医疗研究领域有着巨大的前景。

什么是干细胞?

干细胞是有潜力发展成为身体内许多不同种类细胞的细胞。因为具备这种能力,干细胞有一天可能会为人类身体制造出一种"修复元件"。想象一下,如果有那么一天,可以为患心脏病的人注射全新的、健康的心脏细胞来修复已损坏的组织;或者呢,能够让糖尿病病人拥有全新的、健康的胰腺细胞分泌胰岛素;还有那些影响神经系统的疾病,比如,老年痴呆症或者帕金森症,

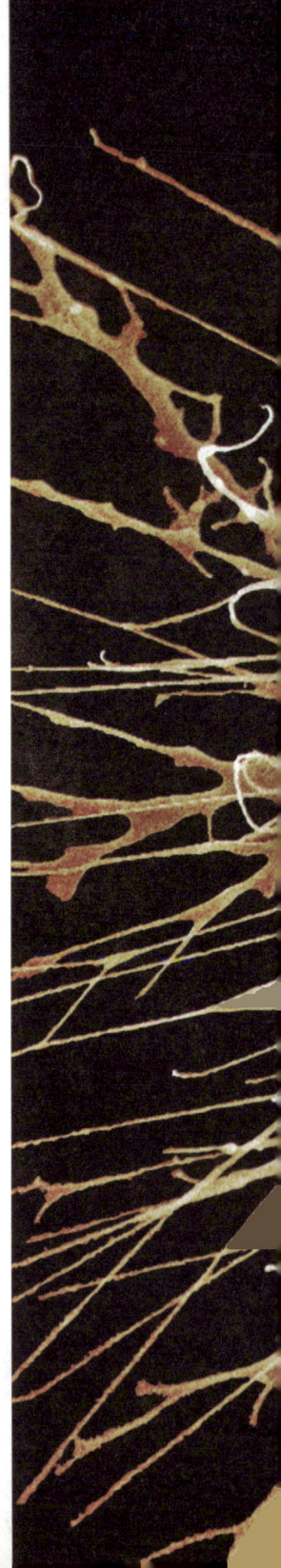

▼ 从这张彩色扫描电子显微照片上可以看到一枚将要变成血液细胞的干细胞。干细胞的寿命很短暂,所以骨髓在不停地制造干细胞。

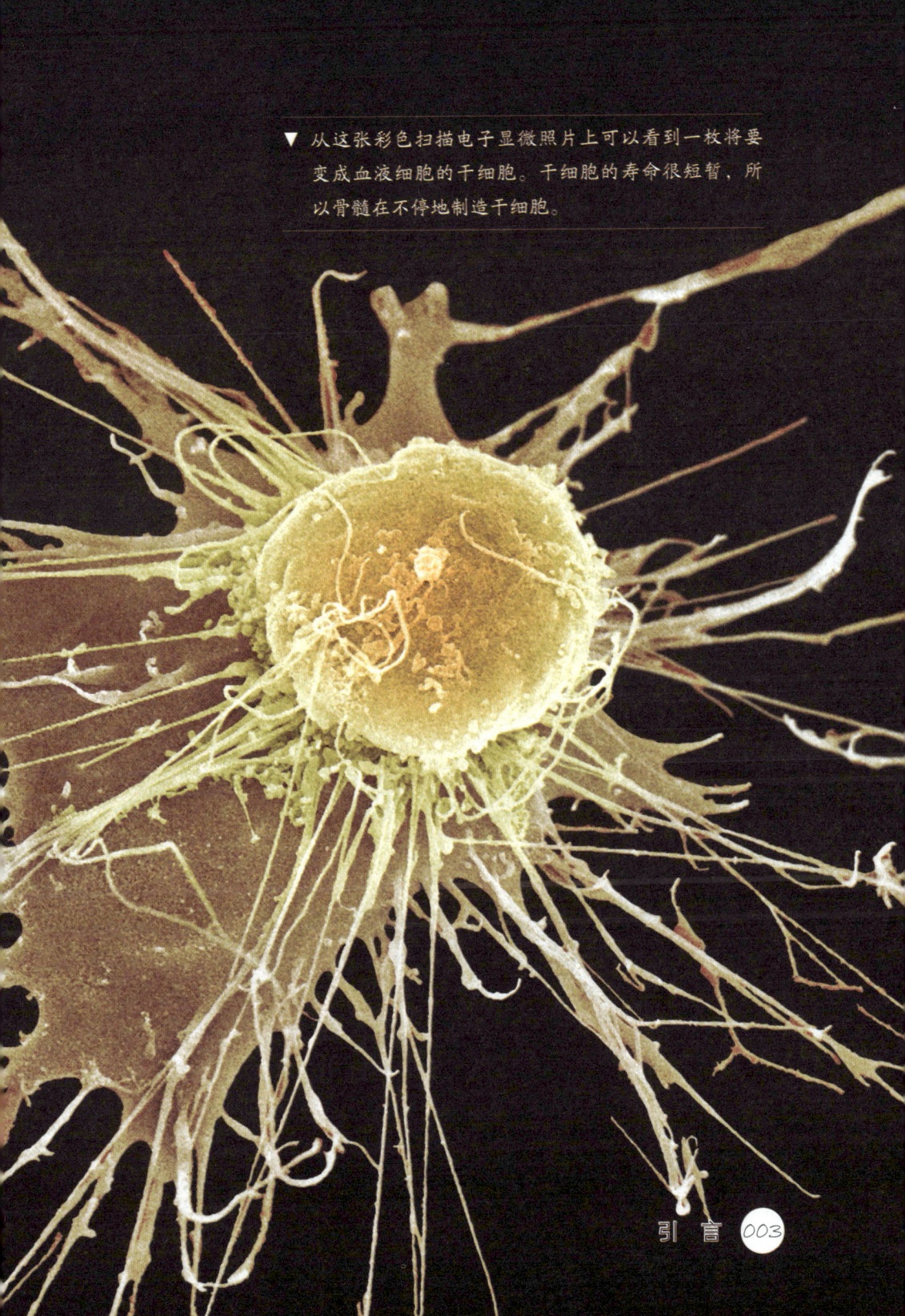

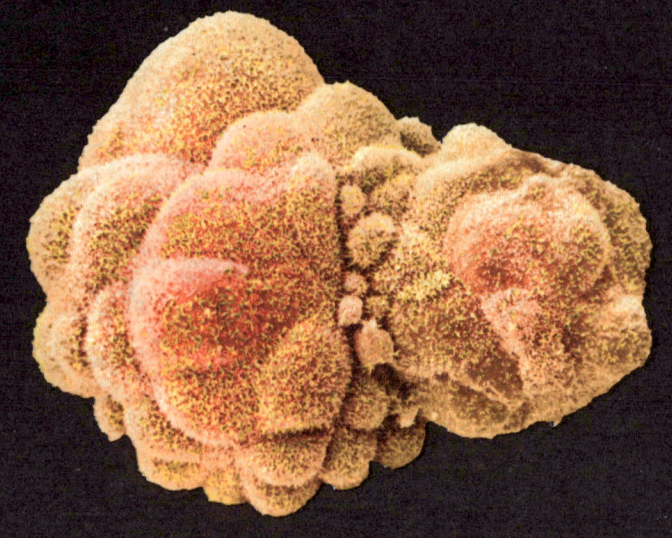

▶ 这是受精六天后的人类胚胎。就像一枚空心球,细胞的中心是流动的液体。

可以用新生成的脑细胞来治愈;另外,为了消除风险,还可以用由干细胞生长出的活组织进行研制新型药物的有风险的实验。诸如此类的发展能够改善或者拯救全世界数以百万人的生命,能够彻底改变我们对健康和疾病的看法。

伦理雷区

　　干细胞的研究开始于20世纪60年代,但直到1998年科学家分离出人类干细胞之后,它的潜能才真正得以发挥。还有专家对它持怀疑态度,但许多专家相信干细胞的科学潜能非常巨大。

障碍

说到像克隆或干细胞这样的话题时，总会引发情绪激动的争论。干细胞研究引发争议的原因在于研究所需的原材料。虽然干细胞能够从成人的细胞组织中生成，但用途最广的、最有应用前景的干细胞却得取自孕育仅仅几天的人类胚胎。这些胚胎通常由治疗不孕症的研究中心捐赠。但是仍有人认为，用胚胎开展任何形式的研究都是错误的，不管最终的目标对人类多么有益。

此外还有一些实际困难，而且真正应用于治疗尚是远景。但全世界有许多科学家致力于这一研究，他们坚信这一领域的研究潜力巨大，任何障碍都应被克服。迈克尔·J. 福克斯是一名患有帕金森病的演员，他在自传《幸运者》中写道："如果研究能够发挥干细胞的潜能，那意味着上百万人的苦难的终结。干细胞在治疗和治愈你能想到的任何晚期或重大疾病方面，都会带来突破。"

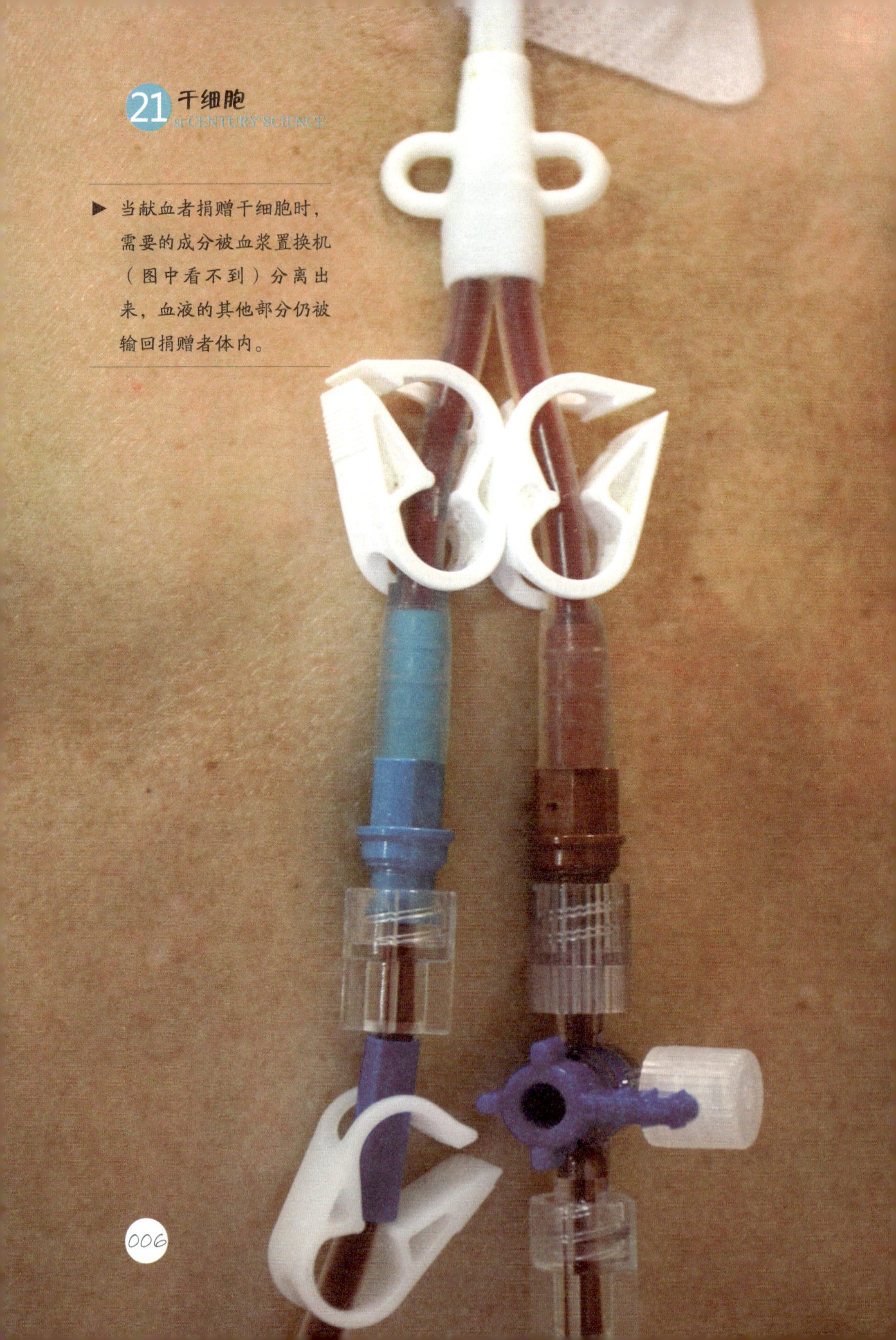

21 干细胞
st CENTURY SCIENCE

▶ 当献血者捐赠干细胞时，需要的成分被血浆置换机（图中看不到）分离出来，血液的其他部分仍被输回捐赠者体内。

科学生涯

马丁·埃文斯爵士是一位教授,他1963年从英国剑桥大学基督学院获得生物化学的学士学位,1969年从伦敦大学学院获得博士学位。毕业后,他开始研究脊椎动物的基因控制。他探索了在组织培养体系中培养老鼠畸形胎的干细胞。他第一个主张,这种条件下带有区分能力的细胞可以被无限地保留。1981年,他成功地从正常的老鼠胚胎中分离出了类似的细胞。2004年,他被授予爵士头衔。2007年,他获得了诺贝尔医学奖。2009年,他被授予英国皇家药学会金质奖章。

一日掠影……

马丁爵士1999年来到卡迪夫大学的生物科学学院，他在那里第一次展示了基因疗法，帮助治疗一个动物的囊性纤维化病。他的实验室还对乳腺癌基因BRCA2的功能有着深入的了解。马丁爵士现在已经退休，是威尔士基因园的一位成员，这个机构汇聚了生命科学、基因学和临床医学的专家。

斯人斯语……

"我现在已经退出了实际的科学工作，但我最大的乐趣就是看到我的细胞在生长，就是大清早来看看最新的实验如何顺利进展。"

第一章　细胞的世界

什么是细胞？

　　细胞是地球上所有生物的基本单位，是生命的建筑材料。细胞是能够独立生存的最小的有机体。它可能会单独出现，如细菌，也可能是由数亿个细菌组成的复杂群体，如那些构成人体的细胞。

英国科学家罗伯特·胡克1665年第一次使用了"细胞"这个词,当时他用初级显微镜观察一片薄薄的软木,那些微小的孔洞让他想起了修道院里的房屋。十年之后,人们才认识到,细胞并不是空的,里面充满了果冻一样的物质,叫做细胞质。

细胞分为两大类:原核细胞和真核细胞。原核细胞是单细胞的有机体,它不会成长或变化为更加复杂的形式。真核细胞的细胞数多于一个,它包括最微小的真菌和所有的植物、动物,乃至人类。真核细胞结构复杂,有细胞核,还包含不同的区室或结构体,用来执行不同的功能。细胞内这些不同的区室叫做细胞器。真核细胞内部有十来个不同的结构,包括细胞核、线粒体、核糖体。外层组织

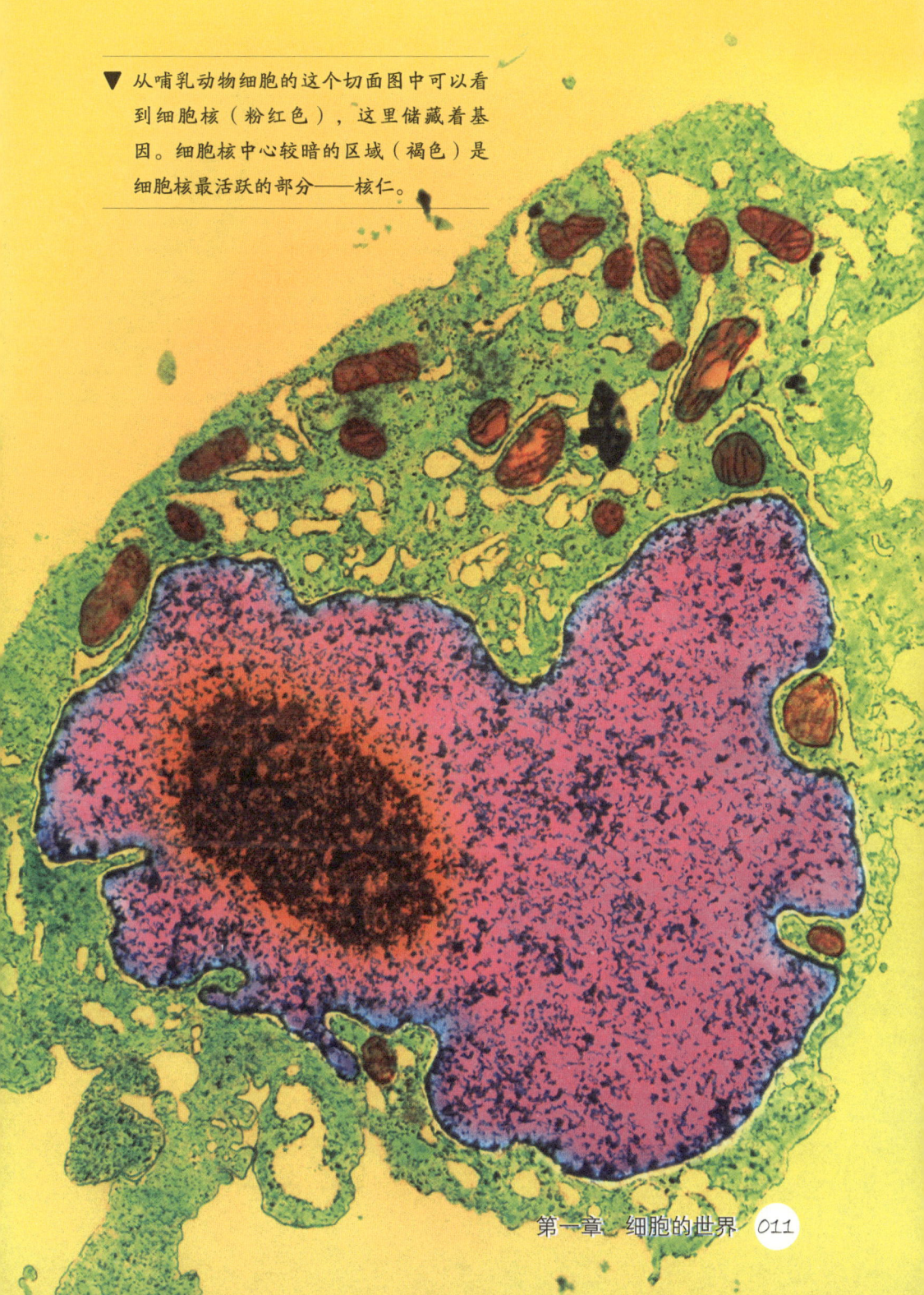

▼ 从哺乳动物细胞的这个切面图中可以看到细胞核（粉红色），这里储藏着基因。细胞核中心较暗的区域（褐色）是细胞核最活跃的部分——核仁。

21 干细胞
st CENTURY SCIENCE

▼ 这个中空的细胞球就是胚泡,是胚胎发育的第一个阶段。它植入在母亲的子宫壁上,在那里它会成长为一个婴儿。

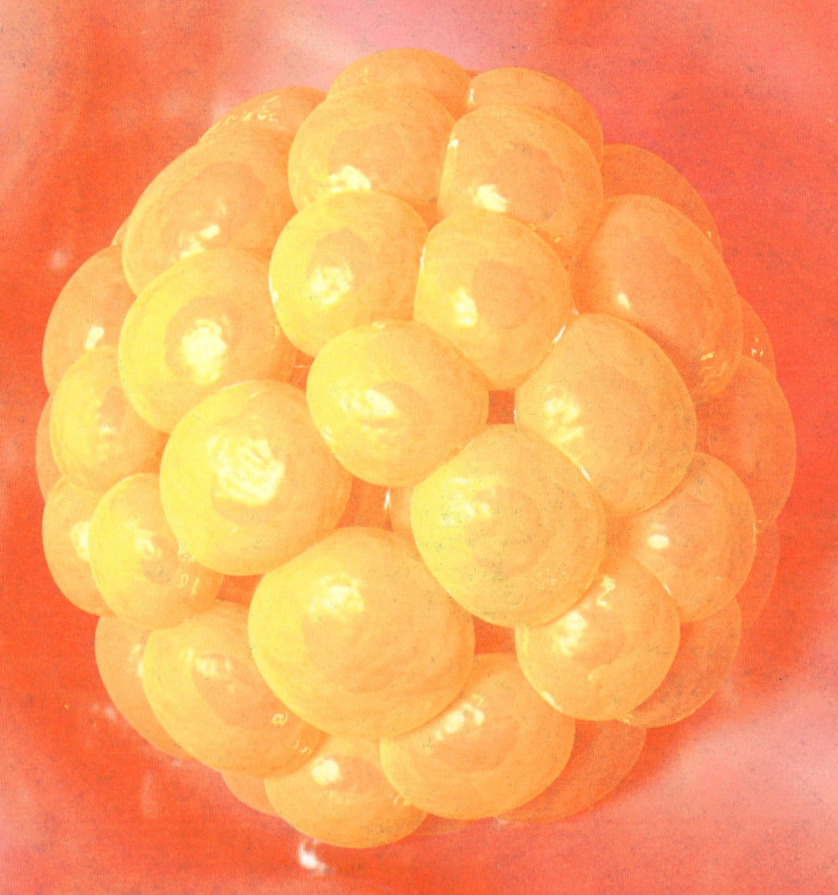

叫做质膜，质膜可以保护细胞，使它和周围的环境分离开来。每种成分都有自己专门的功能。每个单独的细胞都是活的，不过它们无法独立存活。它们都携带着基因信息，基因决定了我们是谁。

细胞在做什么？

人类卵子受精后的最初几个小时内，单个的细胞就开始分裂。四天内，一个中空的细胞球体就形成了，这就是胚泡。胚泡中心的细胞群继续分裂，形成人体的每个部分。它们制造肝细胞以形成肝，制造皮肤细胞以形成皮肤，以此类推。我们的身体内大概有200多种不同的细胞。为实现不同的功能，细胞形成了一系列蛋白质。这些蛋白质是大分子的碳水化合物，由氨基酸链组成，合成这些蛋白质的指令来源于基因，例如，只有眼部细胞的蛋白质构成能够让我们探查到光线。

我们体内的所有细胞都能彼此识别，认出它们属于同一个身体。它们也能识别出病毒、细菌和其他入侵者，并启动免疫系统发起攻击。

细胞的死亡

在你读这句话的时间里,大约有5000万个细胞会死去并被取代。很多东西都能杀死细胞,如感染、中毒、缺乏氧气等。

在去除老细胞方面,身体自有一套聪明的办法,即细胞凋亡。这是由细胞自己驱动的死亡方式——一种细胞的自杀。如果出现了错误的细胞凋亡,那就会导致一系列疾病。癌症产生的原因就是异常细胞的再生以及这些细胞行为的失控。像老年痴呆症这样的退化类疾病可能就是细胞死亡过快的结果。科学家还认为艾滋病毒利用了这个自然过程,它驱动免疫细胞自我毁灭。

◀ 这幅图像中间部分的白色血细胞正在经历细胞凋亡,或者叫细胞死亡。

科学生涯

伊恩·威尔穆特教授是一位爵士,他是苏格兰爱丁堡大学再生医疗医学研究理事会中心的主任,也是中心细胞重新编程小组的领导。他的研究团队致力于遗传病的研究,想要弄清多能干细胞的机制。威尔穆特教授在罗斯林研究中心工作了30多年,他在这里领导的研究团队于1996年第一次克隆出了哺乳动物——一只叫多莉的绵羊。

一日掠影……

刚当科学家时,威尔穆特教授的大量工作都在实验室里,但是今天他的大部分时间用来管理中心和研究团队、举行讲座以及接受记者采访。他还会参加英国及世界各地的会议，并和相关研究机构商谈如何操作未来的合作。

斯人斯语……

"我每天都渴望了解新事物，和同事一起探寻新观点、获取新领悟对我而言是大有益处的。我相信在未来50年内，对干细胞的研究会对医学作出巨大的贡献。干细胞研究令人激动，我觉得研究者应该有更大的雄心，用他们的知识发明新药物，发展细胞和基因疗法。"

什么是干细胞？

和那些角色终生不变的细胞不同，干细胞能够生长成为人体内任何种类的细胞。

干细胞形成于生命的最初几天。首先，受精卵形成了一个单个细胞，叫做合子。它是全能的，它具有"一切潜能"，以生成体内的所有细胞。这个细胞分裂成2个、4个、8个……乃至万亿个。受孕大约5天后，一个比沙粒还小的胚泡形成了，它大约有150个细胞。这些细胞有两种类型：胚胎滋养层，或称外层细胞，最终会变成胎盘，它们从母亲那里给发育中的胎儿运送食物和氧气；里面的部分叫做内层细胞团，这里包含着会成长为人类身体的所有细胞，它们叫做多能细胞，意味着它能生成多个或多种细胞。

在这个阶段，"内层细胞团"有能力成为身体的任何部分。三周内，这些细胞就会分化，开始承担不同的角色。它们将会长成前上皮细胞、前神经系统细胞，还有前肌肉细胞、连接组织细胞以及前内脏器官细胞。这些早期干细胞叫做胚胎干细胞。

21 干细胞
st CENTURY SCIENCE

▲ 这是四个月大的胎儿。在连接胎儿和母亲的胎盘的脐带中就有干细胞，它为胎儿提供带有氧气的、营养丰富的血液。

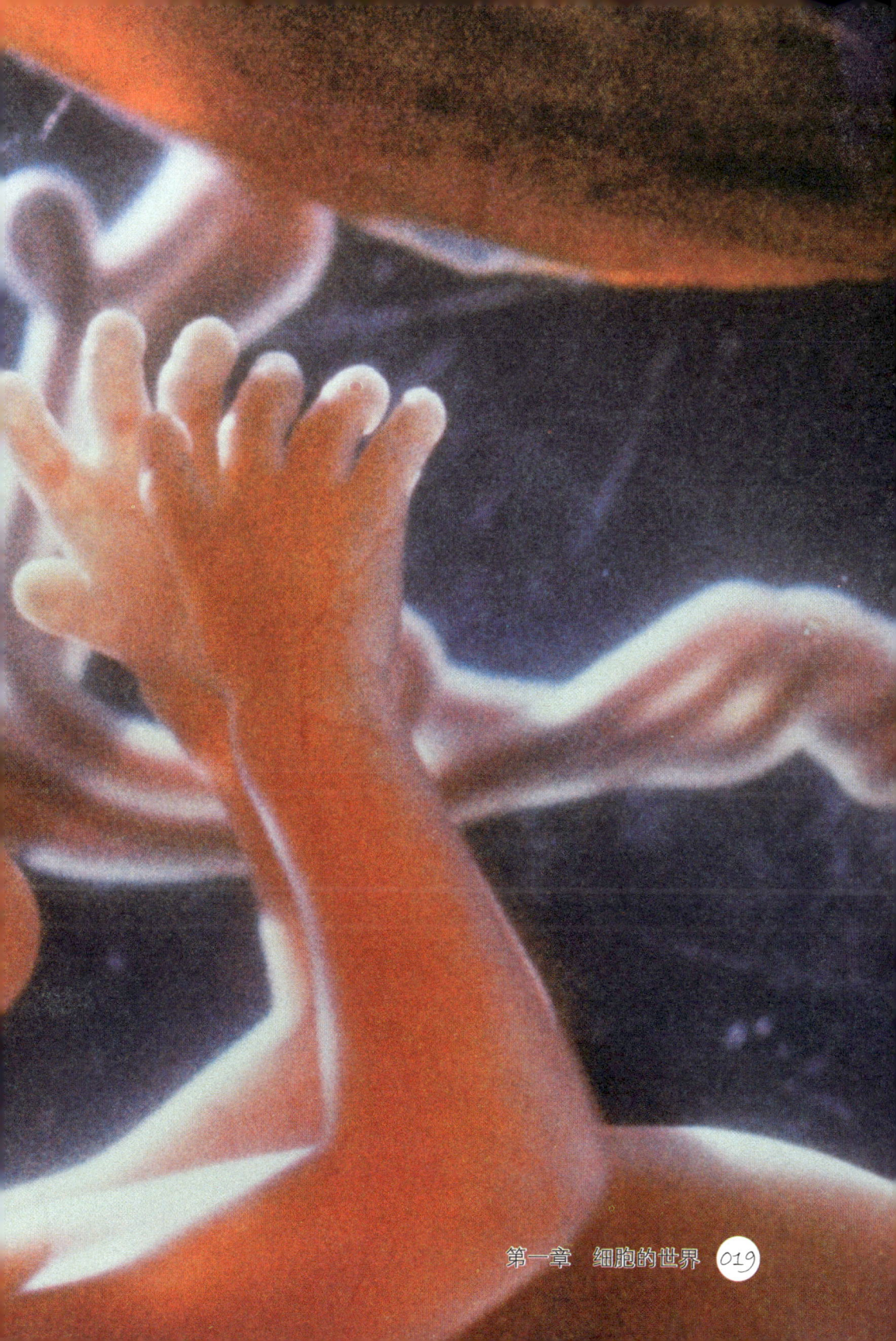

干细胞

即使身体完全长成后,仍然有些部位能够继续生成替代细胞来取代因为受伤、疾病或老化而失去的细胞,这些部位包括骨髓、肌肉和大脑,这就是成人干细胞,当然儿童也有这类细胞。在连接婴儿和母亲的胎盘的脐带中也有干细胞。最近发现的干细胞其他潜在来源包括胎盘、输卵管和一种叫做肌内皮的血液细胞。

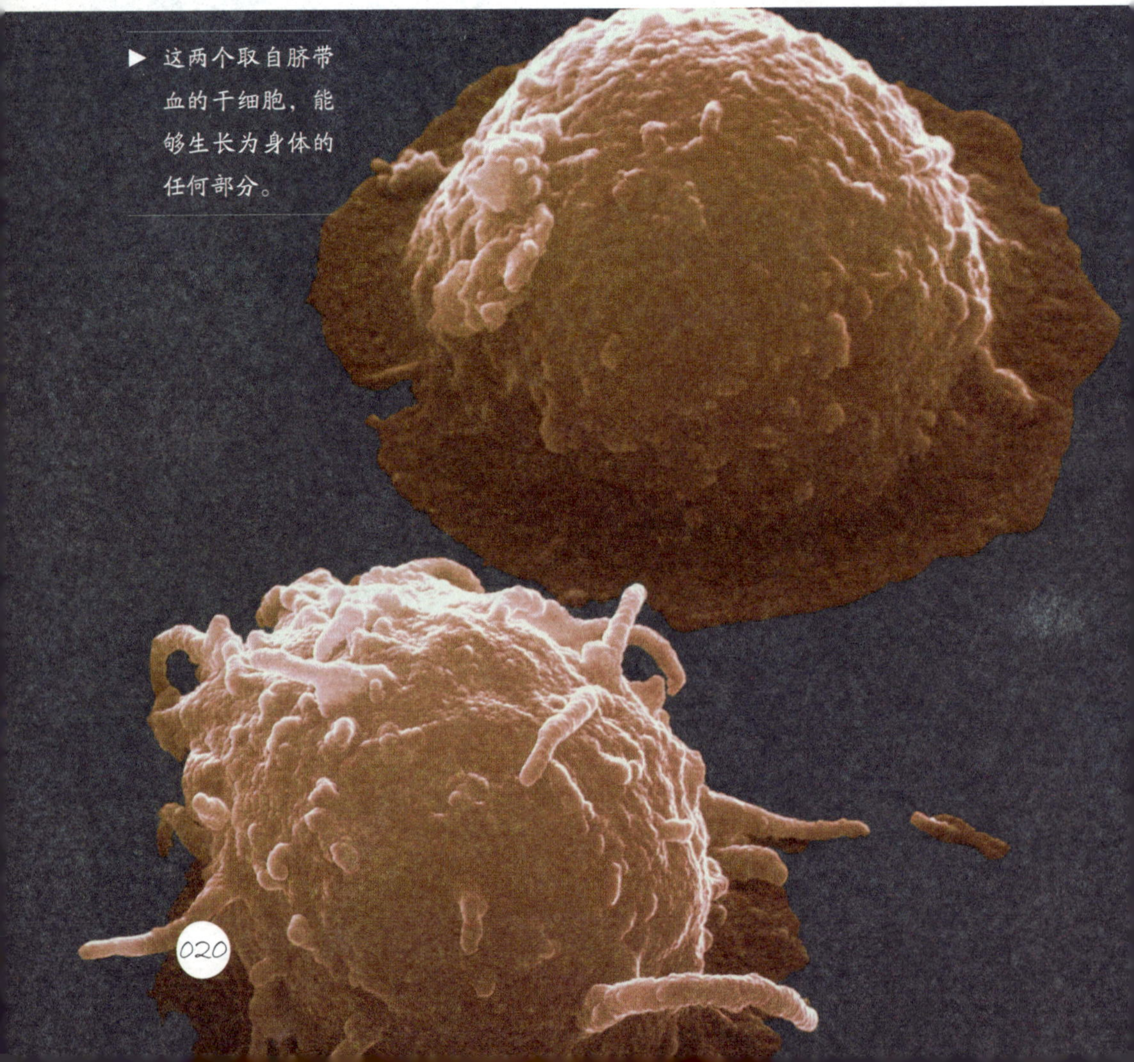

▶ 这两个取自脐带血的干细胞,能够生长为身体的任何部分。

科学生涯

安东尼·陈博士出生于香港,他曾在台湾的台湾国立大学读书,博士毕业于美国的威斯康星-麦迪逊大学。他在俄勒冈的国家灵长目研究中心工作,致力于研发世界上第一只转基因猴子。他和佐治亚州埃默里大学的耶基斯国家灵长目研究中心联合创造了第一个亨廷顿舞蹈病的转基因猴子模型。目前他是埃默里大学医学院人类基因系的副教授。

一日掠影……

陈博士的团队专注于研究患有诸如亨廷顿舞蹈病等人类疾病

的转基因灵长目模型。此外，他们已经能让猴子的牙髓——牙齿中间包含软组织的部分——中生长出干细胞。

斯人斯语……

"我最满意的经历来自于别人对我工作的感激，我的工作有一天可能会帮助到这些人的家人或爱人。我希望用我的专业知识研发模型，使它有助于增进我们在人类疾病方面的知识，并让大众理解在寻求疾病治愈方法的过程中模型的重要性。"

▼ 这些胎儿血液干细胞是多能的,因为它们能分化为任何类型的血液细胞的初期形式。

21 干细胞
st CENTURY SCIENCE

▼ 这个细胞正在经历细胞分裂的最后阶段，它将产生两个子细胞核。这是一个被培养的癌细胞，它被广泛应用于生物和医学研究中。

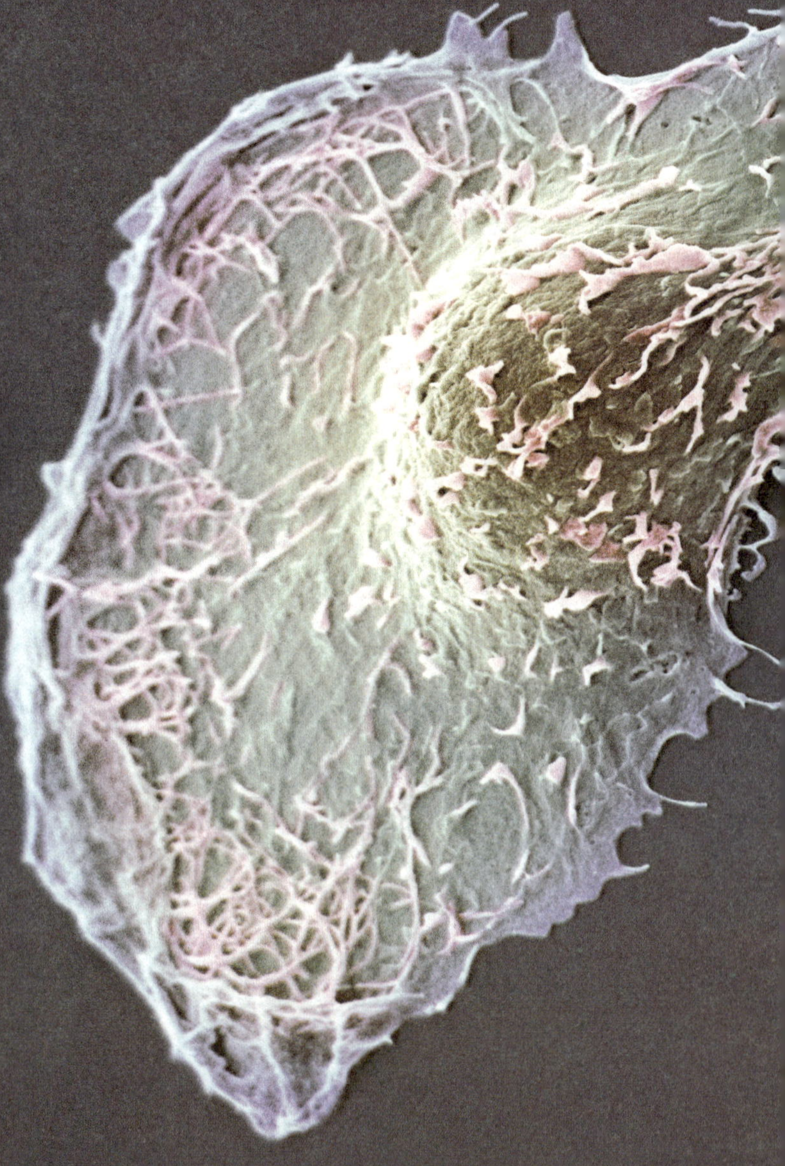

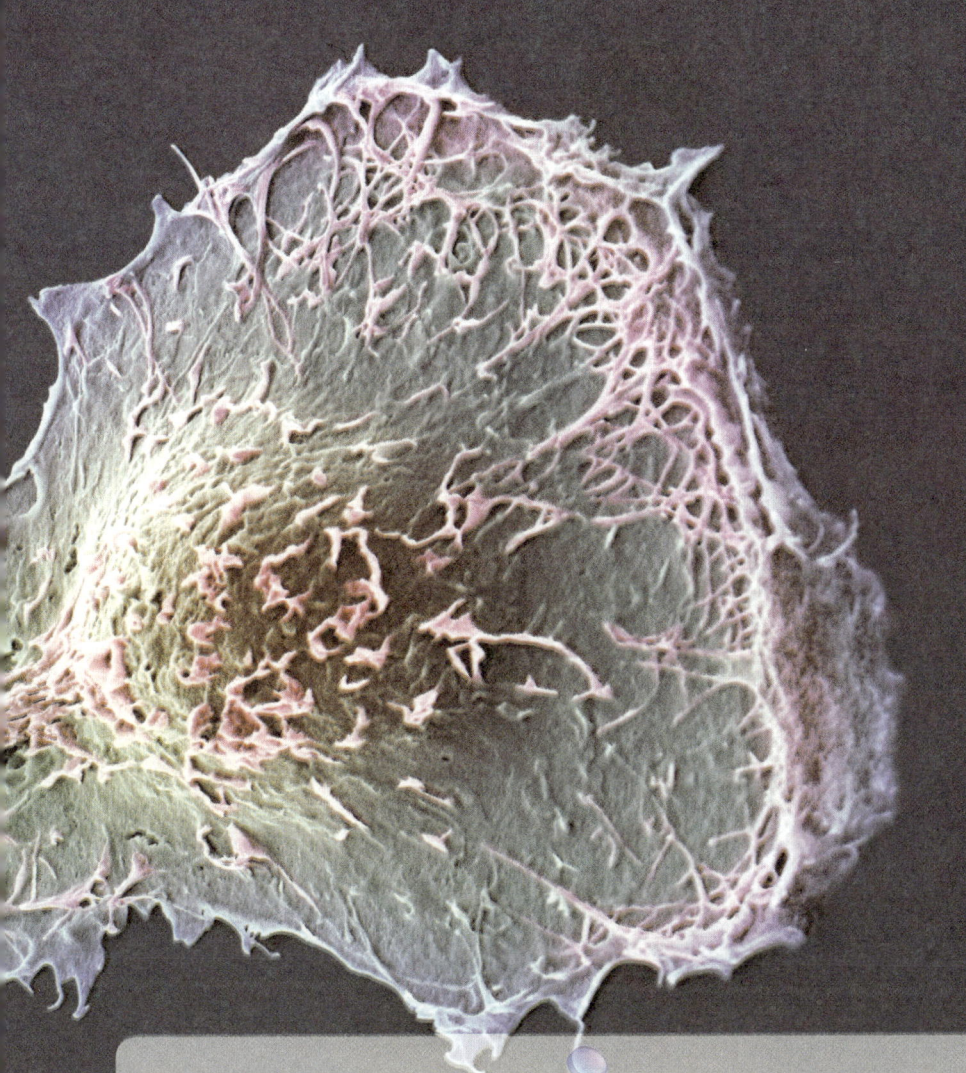

短暂的历史

19世纪中叶,科学家意识到细胞是构成生命的基本材料。20世纪早期,人们发现骨髓和血液(生血的或造血的干细胞)里,存在着一种能够生成新的血细胞的细胞。科学家认识到细胞能够

再生，能够自我更新。

利用新的、健康的细胞来取代患病的、死亡的细胞，医学界应据此治疗疾病的理念在20世纪50年代实现了巨大的飞跃，医生们第一次成功地给白血病患者实施了骨髓移植手术。接下来在1981年，一位年轻的名为盖尔·马丁的美国研究人员分离出了老鼠的胚胎细胞，这种细胞是生长的初期形式。她将这种细胞命名为"干细胞"，因为生命从这些早期细胞中像"枝干"一样生长开来。

细胞系

1998年，威斯康星–麦迪逊大学的詹姆斯·汤姆森从内层细胞团中分离出了人类细胞，并第一次培育出了胚胎细胞系。这是一次真正的突破，它的意义成为媒体讨论的热门话题。细胞系是干细胞研究的关键工具。这个称呼意味着科学家能够在实验室中生成细胞，并对它进行无限复制，以产生完全相同的细胞。今天，在遍及世界的各种项目中，动物胚胎干细胞系要多于人类的。

研究内容：科学家想证实，从诸如脂肪抽吸术等美容手术中取出的脂肪组织是否能够成为多能干细胞的一个来源。

研究团队：来自于美国加利福尼亚州帕罗奥图市的斯坦福大学干细胞生物和再生医学研究所的迈克尔·隆哥卡尔博士和约瑟夫·吴博士。

研究过程：团队目前研究的是叫做脂肪派生基质（连接组织）的脂肪细胞和皮肤派生细

胞。这些细胞都是多能的，它们能够再生，数目充裕，取自于像脂肪抽吸术这类的美容外科手术。团队向细胞注射病毒，引入基因，让它重新编程以进行不同的生长。

研究结论：细胞被成功地转化为多能细胞，转化过程比使用成纤维细胞或皮肤细胞要快2倍，效率要高20倍，成纤维细胞或皮肤细胞在重新编程前，需要在实验室中生长3周，而脂肪细胞可以直接使用。团队相信这些细胞会成为未来工作中有用的、充裕的资源。

第二章　医学的突破

新型疗法

　　干细胞将来可能提供的治疗方法会影响到数百万人。让我们永葆年轻、永远健康的想法听起来像个童话，但对于数百万人来说，能不能用健康的、正常的细胞替换被损坏了的或生病的细胞，可是一件生死攸关的事情。

▲ 未来有可能用培养出来的干细胞治疗癌症。

应用现状

在实际应用中,真正的干细胞疗法还十分罕见。最为大家接受的就是使用骨髓细胞注射治疗白血病。不幸的是,全世界有许多诊所直接向公众提供危险的或无效的治疗方法。

相比之下,声誉良好的科学家的工作成果令人兴奋,他们对某些疾病的讨论着眼于长远利益。像帕金森病和多发性硬化症这一类的大脑和神经系统退化性疾病目前尚无法治愈,不过,现在的研究方向是将来有一天,是否可以用干细胞预防这些疾病。到那时,致人瘫痪的中风和脊髓损伤也就有可能被治愈。糖尿病,这种由世界卫生组织宣称目前已经达到流行病比例的疾病,也可以通

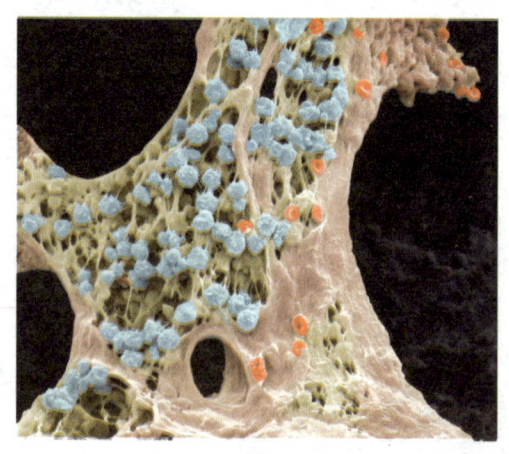

▶ 血液细胞形成于骨髓内部。这幅图中,骨髓的连接组织框架中显示出白细胞(蓝色)和红细胞。

过用新的、健康的组织替代患病的胰腺组织而得以根治。干细胞的其他的用途还包括修复由心血管疾病和心脏病导致损伤的心脏组织，以及治愈像关节炎这样的免疫系统疾病。

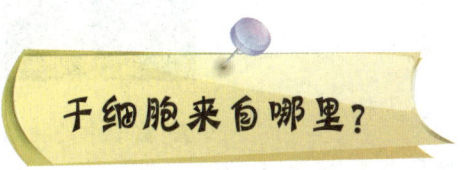

干细胞来自哪里？

为了进行研究，科学家需要建立干细胞系。干细胞系就是在实验室中可以反复自我复制的细胞群。因此，科学家首先需要干细胞。

当前的研究

具备多能性的干细胞来自于孕育才仅仅几天的胚胎内层细胞团。研究中使用的大部分胚胎是由治疗不孕症的夫妇捐赠的多余胚胎。人体内的许多组织也含有干细胞，这些干细胞尚未分化，也就是说它们还没有变成某种具备特定功能的细胞，它们的作用

就是帮助修复、护理它们所在的组织。这些干细胞叫做多效干细胞，它没有多能干细胞的功能多，但它可以发展成与它相近的一系列细胞。骨髓中含有的造血干细胞可以生长成为构成血液的红细胞、白细胞和血小板。

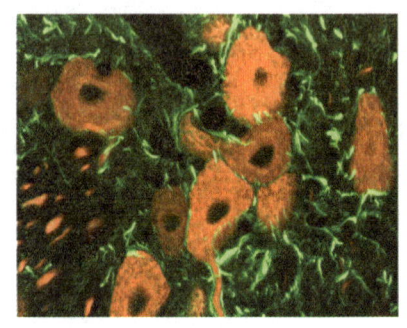

▲ 脑干中的神经细胞（红色）控制诸如呼吸这样的自动功能。

其他来源

干细胞可以取自新生婴儿的脐带。脐带中有丰富的干细胞，它们可以转化成血液和免疫系统中的细胞。当婴儿降生时，父母可以选择把脐带血贮藏起来，以备将来婴儿、家庭其他成员或是陌生人的治疗需要。已能确认的包含成人干细胞的组织和器官包括大脑、心脏、血液和血管、骨骼肌肉、胎盘、皮肤、牙齿、肠、肝、卵巢和睾丸。成人和生殖副产品提供的干细胞来源非常有吸引力，因为它们绕过了胚胎干细胞带来的伦理难题。

科学生涯

斯蒂芬·明格博士是英国伦敦国王学院新沃尔夫森年龄疾病中心的干细胞生物实验室主任和资深讲师。在过去的15年中，他的干细胞研究团队研究了干细胞族群、鼠类和人类胚胎干细胞。2002年，因为分离出人类胚胎干细胞，明格博士和苏珊·皮克林博士及彼得·布劳德教授一起，得到了由英国人类受精与胚胎学会颁发的最早的两张许可证中的一张。

一日掠影……

明格博士一天的典型工作包括评估对研究团队来说有重要意

义的新技术，评估团队获取的数据，他还用很多时间来和他的扩展研究团队成员及合作者开会或进行国际电话会议。

斯人斯语……

"我们的干细胞工作中最具挑战性的部分在于如何把这个奇妙的技术转化到真正的临床应用中去。"

诱导性多功能干细胞

从潜在的治疗用途来说，胚胎干细胞的功能最为多样。但如果成人干细胞也能具备胚胎干细胞的多种功能，从而无需考虑由胚胎干细胞带来的伦理困扰，那又将会怎样呢？正是这种想法驱动人们去研究诱导性多功能干细胞，即iPS细胞。

成人干细胞能够成为多能细胞，有可能通过重组细胞基因使它们转换成为多能细胞。第一次突破出现在2008年，日本东京大学的科学家山中伸弥和高桥和利利用白鼠制出了诱导性多功能干细胞。第二年，他们在人类成人干细胞上同样取得了成功。

未来的挑战

制造诱导性多功能干细胞是一个巨大的进步，但它还没有转化为对现实中患者的治疗。这些诱导性多功能干细胞癌变的风险

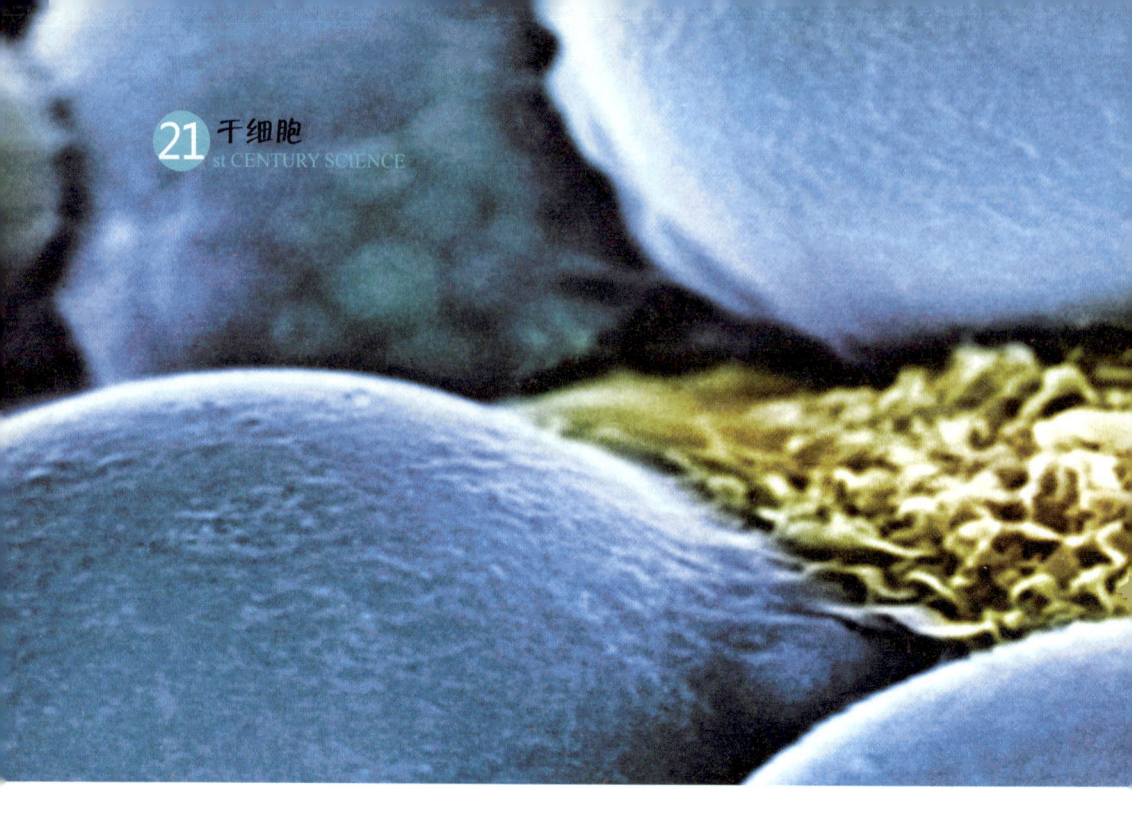

非常高,在人体上进行应用试验过于危险。但是,这是以治疗为终点的行程的第一步,尤其是美国加利福尼亚州拉霍亚市斯克利普斯研究所的科学家在2009年4月发现,有可能以更安全的方式来驱动这个过程,绕过基因重组而使用蛋白质。

到目前为止,使用蛋白质的方法还没有使用基因的方法有效。但是这个领域的变化非常迅速,有可能就在这本书付印的时候,已经取得了巨大的进步。

虽然诱导性多功能干细胞还未应用于治疗,但它们极为有用。它们可以帮助科学家研究疾病,并为在动物身上进行测试提供更多的选择。

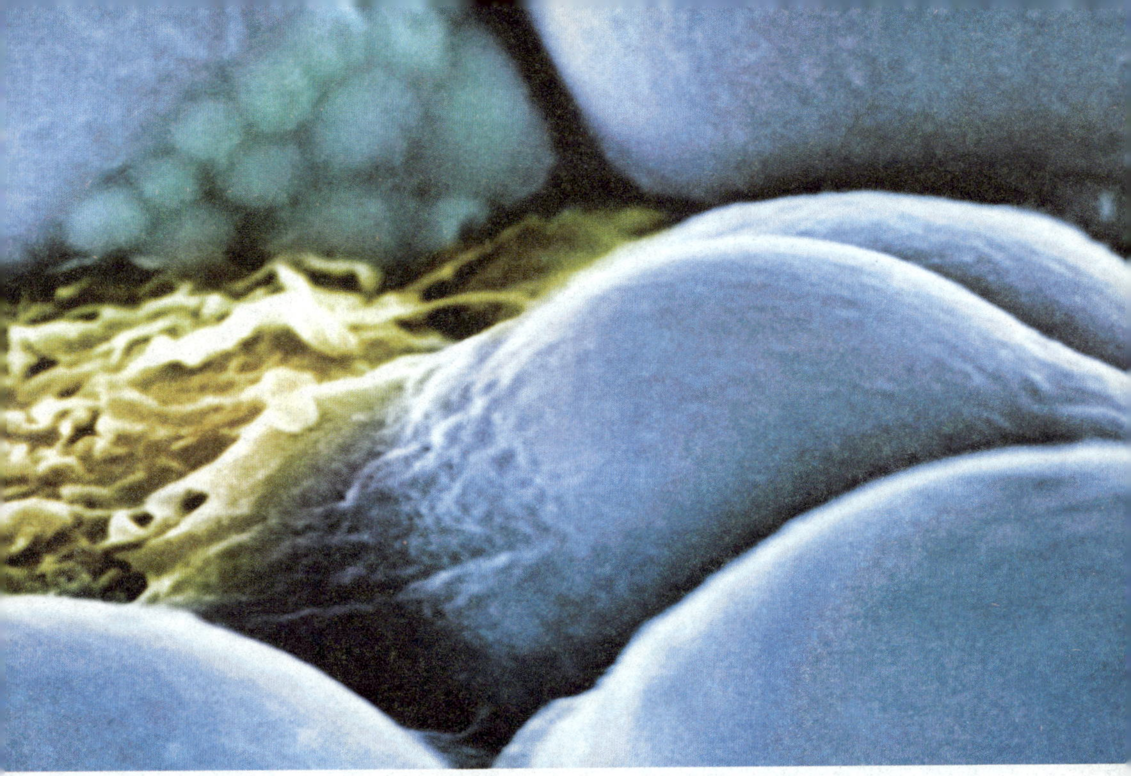

▲ 这些脂肪细胞（蓝色），也叫做脂细胞，存在于骨髓组织中。它们贮存能量，是脂肪的绝缘层。

细胞来源

用以产生诱导性多功能干细胞的细胞通常取自于人类志愿者的皮肤刮屑。还有研究调查了世界范围内包括肝细胞和胃细胞的其他潜在来源。有一支团队正在研究用脂肪细胞制造诱导性多功能干细胞的可能性。

课题研究：

制造诱导性多功能干细胞

研究内容：科学家想要造出诱导性多功能干细胞，而无需永久更改基因或使用病毒。

研究团队：英国爱丁堡大学MRC的再生医疗研究中心的木尾圭介博士，加拿大西奈山医院塞缪尔·兰恩菲德研究所的安德拉斯·纳吉教授、克努特·沃特珍博士。

研究过程：四个重组基因被放入叫做转位子的传导系统。这是DNA的可移动序列，它可以移动到基因组内不同的位置或者从基因组内被移除。它允许从有机体外部引入或移除基因，而无需改变基因组的序列。

研究结论： 团队证明了来自非病毒系统的诱导性多功能干细胞是真正多能的。团队还证实了外源基因的移除非常精确，在95%的情况下，诱导性多功能干细胞没有变异。这是当前在不更改基因的前提下制造人类诱导性多功能干细胞的最安全的方法。

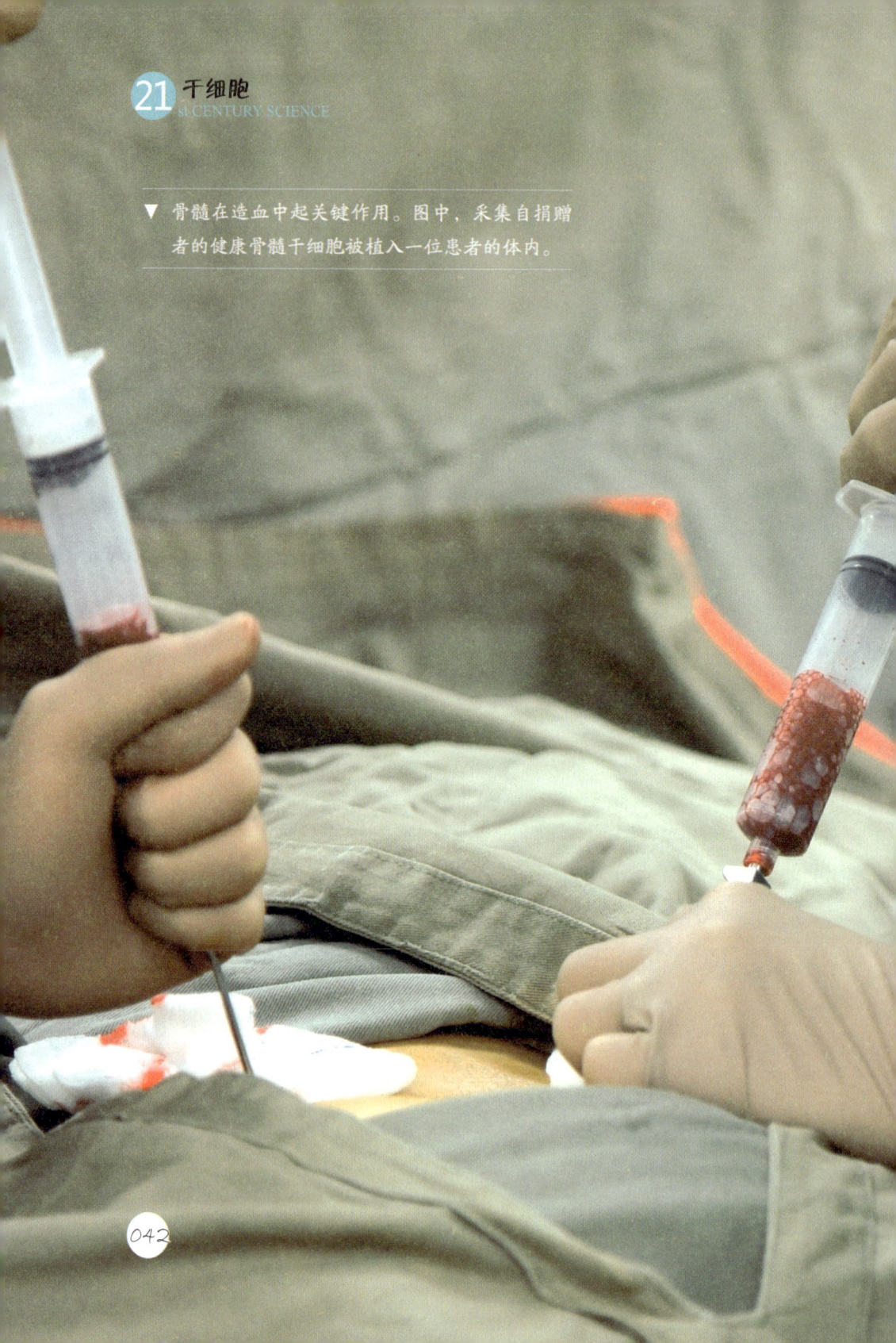

▼ 骨髓在造血中起关键作用。图中,采集自捐赠者的健康骨髓干细胞被植入一位患者的体内。

目前的疗法

全世界有数千人通过捐赠的骨髓被拯救，这是最为大家接受的干细胞疗法。当有人患上白血病或淋巴瘤后，通常得给他做高剂量的化疗和放射。这些治疗方法会摧毁体内的许多细胞，尤其是分裂快速的癌细胞。骨髓是骨骼内部的海绵组织，不同种类的血细胞在这里生成，包括白细胞，这是我们免疫系统的关键成分。干细胞——造血细胞——负责生成血细胞，它们很容易被化疗和放射消灭掉。

两种手术有助于恢复干细胞。1968年，人类第一次成功地实施了骨髓移植手术。而外周血干细胞移植使用的是血液中存在的干细胞。外周血干细胞移植手术有三种：

· 自体的——患者接受的是自己的干细胞，这是在癌症治疗开始前采集好的。

· 同生的——移植物取自于同卵双胞胎。

· 异源的——患者所需的干细胞取自于他或她的兄弟、姐妹或父母，或者配型成功的捐赠者。

另一项为大家接受的干细胞用途是给严重烧伤的患者做皮肤移植手术。取下少量未被烧伤的皮肤分离出干细胞,用它们来生长新皮肤。这种方法已经使用了25年,拯救了许多生命。

▼ 这块皮肤是由实验室中的表皮细胞生长成的。

课题研究：

骨髓细胞

研究内容：骨髓移植被用来治疗血癌患者。研究团队调查了移植手术后，骨髓细胞是否会与接受者的细胞融为一体。

研究团队：美国爱荷华大学的尼古拉斯·萨瓦萨瓦教授、塞布丽娜·邦德和赖安·斯塔尔茨，还有伊朗德黑兰大学的副教授迈哈代德·裴德姆。

研究过程：研究团队使用的是带有报告基因的白鼠，这样有助于确定细胞。当把两只白鼠菌株的骨髓细胞融在一起时，报告基因被激活了。这种方法被用来调查实施骨髓移植手术后白鼠体内的细胞融合情况。

研究结论： 研究团队发现骨髓细胞类型形成的融合细胞要大于非融合细胞。捐赠者的细胞不仅和骨髓细胞融合，而且和心脏细胞、肾细胞、肝细胞以及肠细胞都发生了融合。结果表明细胞融合可能会成为骨髓细胞修复我们体内损伤组织的一种方式。杂交细胞有被生成的潜在可能，这有助于阻止对移植的骨髓细胞的排斥。

第三章　未来的希望

干细胞和神经系统

你的神经系统比任何已有的计算机都更加复杂、更加先进，它是你所感、所思、所做的每件事情的控制中心。无论你是因为一个玩笑而开怀大笑，还是奔跑着追赶公交车，抑或是吃午餐或打电子游戏，你的所有反应都来自于这个神经网络。

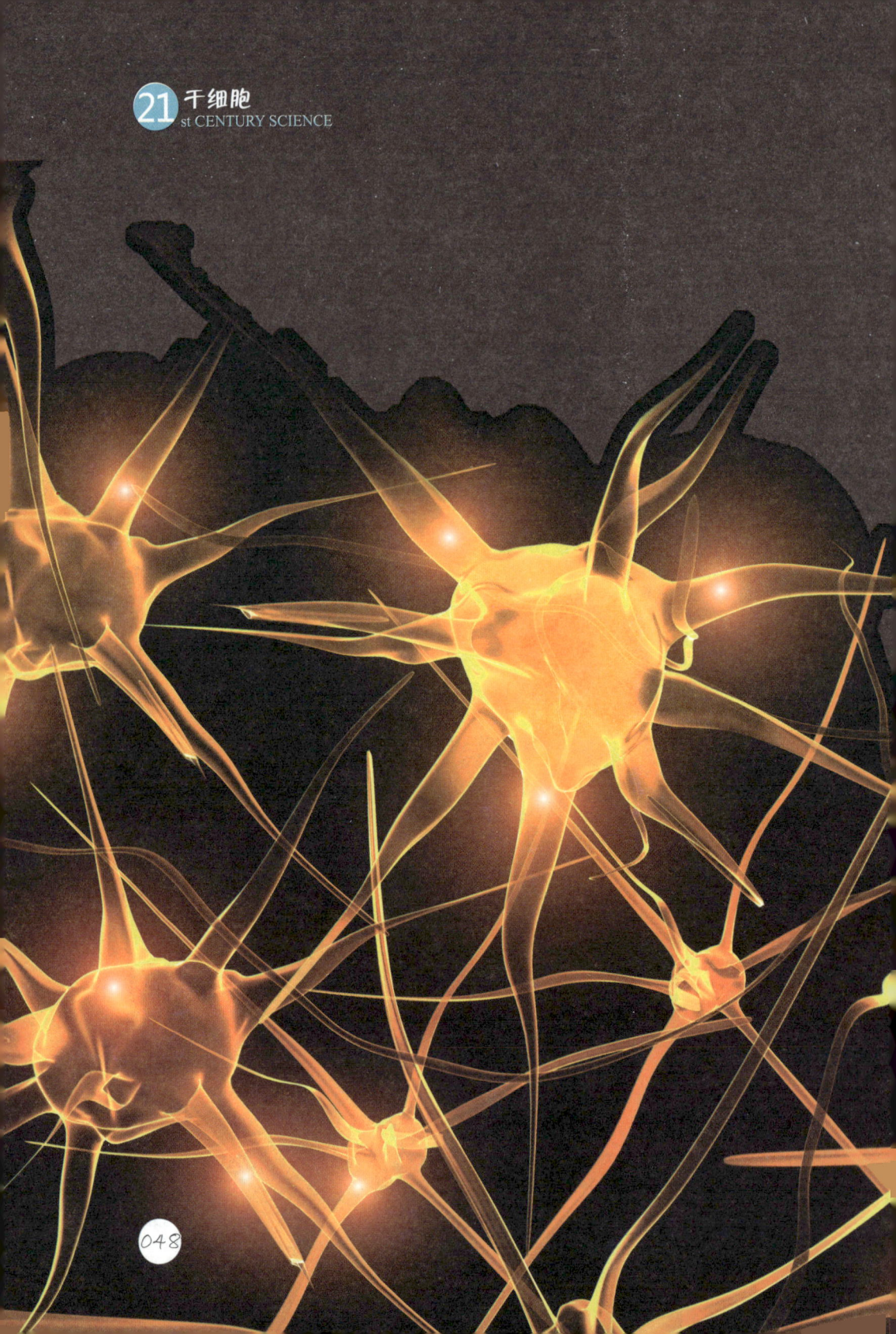

神经系统由你的大脑、脊椎和一系列叫做神经元的特化神经细胞组成，通常可以分为中枢神经系统和外围神经系统。中枢神经系统指的是大脑和脊椎，脊椎是从颅骨底部直贯后背的组织柱，它的神经延伸到全身的各个部位。外围神经系统是指把中枢神经系统和身体的其余部分连接起来的其他所有神经。

神经元的作用

神经元通过化学和电子的合成物把信息传递到全身。我们身体中包含的神经元数目令人震惊，仅一个人脑就可能含有大约1000亿个神经元，如果把它们首尾相接，会延伸1000公里长。它们的大小差别非常大——最小的长度只有4微米（1000微米等于1毫米），最长的长度超过1米。

神经元主要有三种类型：感知神经元、运动神经元和联合神经元。感知神经元的作用是将神经冲动在脊椎和"感觉器官"之间传递，感觉器官包括眼、耳、鼻和口。它们负责让你有能力闻到烘烤蛋糕的香味，看到它们从炉子里端出来，品尝到它们一旦

凉下来可以入口时的美味。当身体对各种刺激作出反应时，运动神经元将神经冲动在肌肉与腺之间来回传输。当你说话、走路、吞咽或者从烫人的散热器旁后退时，都是运动神经元在起作用。最后，存在于大脑和脊椎中的联合神经元把运动神经元和感知神经元连在了一起。不久以前，人们还认为神经元没有自我更新的能力，但是在刚过去的这个十年中，我们的理解有了飞跃，现在我们知道了神经元能够再生，这对于未来的治疗有着激动人心的意义。

▶ 英国科学家斯蒂芬·霍金是最著名的肌萎缩侧索硬化症患者之一。

神经系统的疾病

有几种疾病会攻击神经系统的细胞。运动神经元疾病和帕金森症是两种最广为人知的、毁灭性的神经系统疾病。

运动神经元疾病

这组疾病攻击的是运动神经元——这类细胞控制着随意肌的活动,诸如走路、说话、吞咽和呼吸。随着时间的推进,肌肉会萎缩、衰弱,还会僵化。运动神经元疾病有不同的种类,其中包括肌萎缩侧索硬化症。因为美国著名棒球明星卢奥·葛雷克死于此病,运动神经元疾病又称为葛雷克氏症。这个病症最终会导致死亡,因为控制呼吸的肌肉不再能够工作。这种疾病的患者通常都超过50岁,而且患病的男性多于女性。目前还不十分清楚运动神经元疾病的发病原因,也没有任何治疗方法。

21 干细胞
st CENTURY SCIENCE

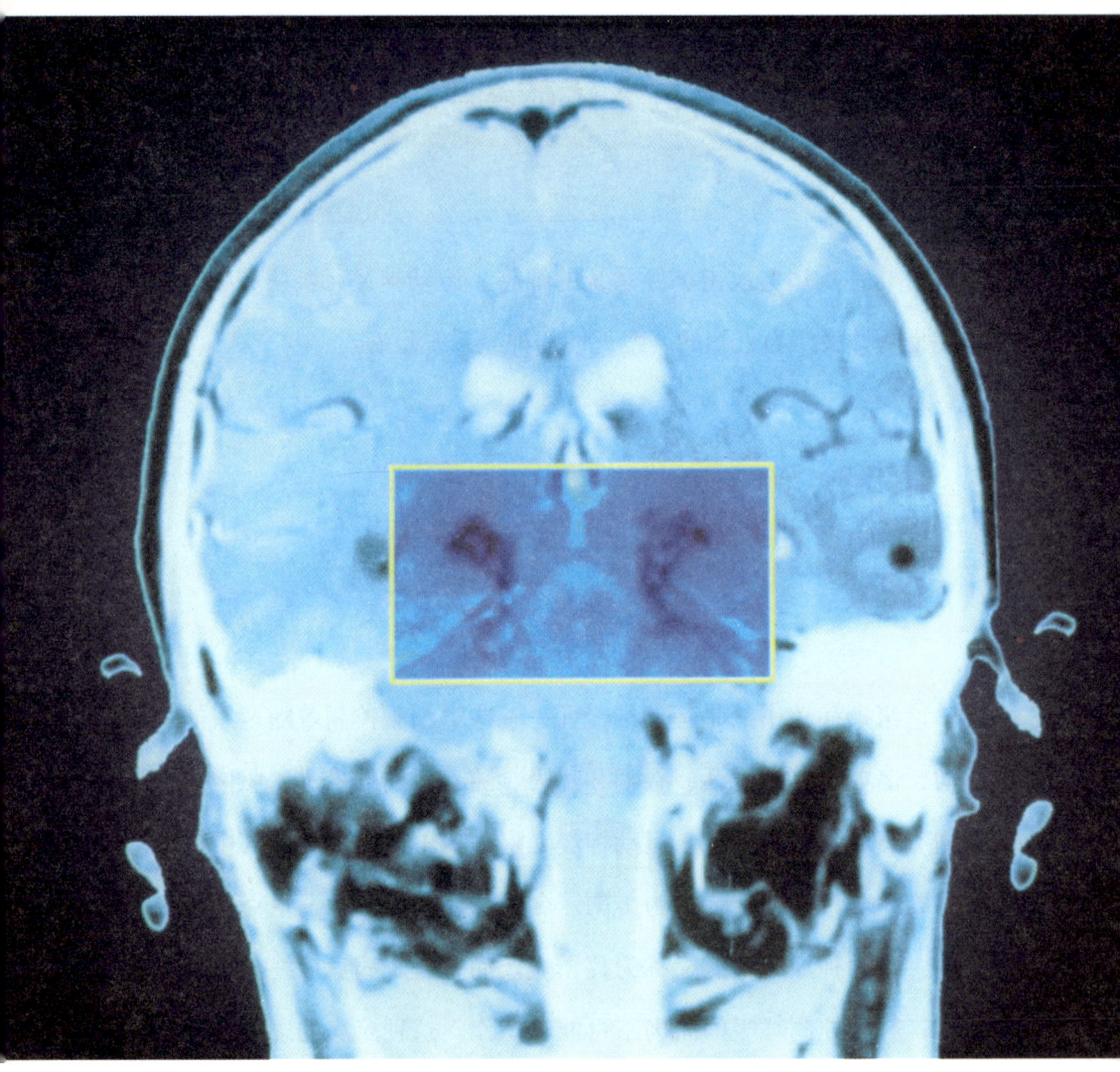

▲ 帕金森病由基底核神经细胞的损耗引起（方框中的深蓝色区域），这导致了多巴胺的缺乏。

帕金森病

英国的内科医生詹姆斯·帕金森1817年写了一本小册子，名为《论震颤麻痹》。40年后，这种疾病被命名为帕金森病，除震颤麻痹外，还有其他症状被列了进去。60岁以上的人中，每500位中大概就有1位患有这种病，也偶有40多岁或更年轻的患者。症状刚开始通常只出现在身体的一侧，包括衰弱或震颤。虽然这种疾病不会威胁到生命，但患病者因为不能够正常活动，会情绪抑郁或引发其他并发症。

帕金森病由大脑中的两种化学物质——多巴胺和乙酰胆碱——的失衡引起。它们通常共同作用，在神经细胞和肌肉之间传递信息，并帮助协调我们的运动。当患者丧失了产生多巴胺的细胞时，就会患帕金森病。究竟为什么会这样还不得而知，而且目前没有治疗的办法。

课题研究：疾病模型

研究内容： 能够直接从人类的皮肤细胞中提取诱导性多功能干细胞，在培养皿中生长出任何细胞，这为研究人类疾病和研发疾病模型提供了独一无二的机会。

研究团队： 日本东京大学的山中伸弥和麻省理工学院怀特海德研究所的鲁道夫·耶尼施、威斯康星大学的詹姆斯·汤普森、剑桥大学的奥斯汀·史密斯，以及哈佛大学的道格拉斯·梅尔顿，后几位都是美国人。

研究过程：研究团队按照常规方式收集了皮肤样品和胚胎干细胞基因，从中他们生成患者特需的诱导性多功能干细胞。这些细胞以特殊设备培养以生长出人类胚胎干细胞和诱导性多功能干细胞，然后把它们分化，以获取不同的躯体细胞。科学家不断地应用不同的材料和生长要素，以便以更高的效率和纯度获取细胞。

研究结论：研究团队已经能够从不同疾病患者的皮肤活组织中生成诱导性多功能干细胞，这些疾病中包括帕金森病。破天荒地，研究者可以用不同的实验方法测试健康的捐赠者和患病者的神经元细胞之间的区别。

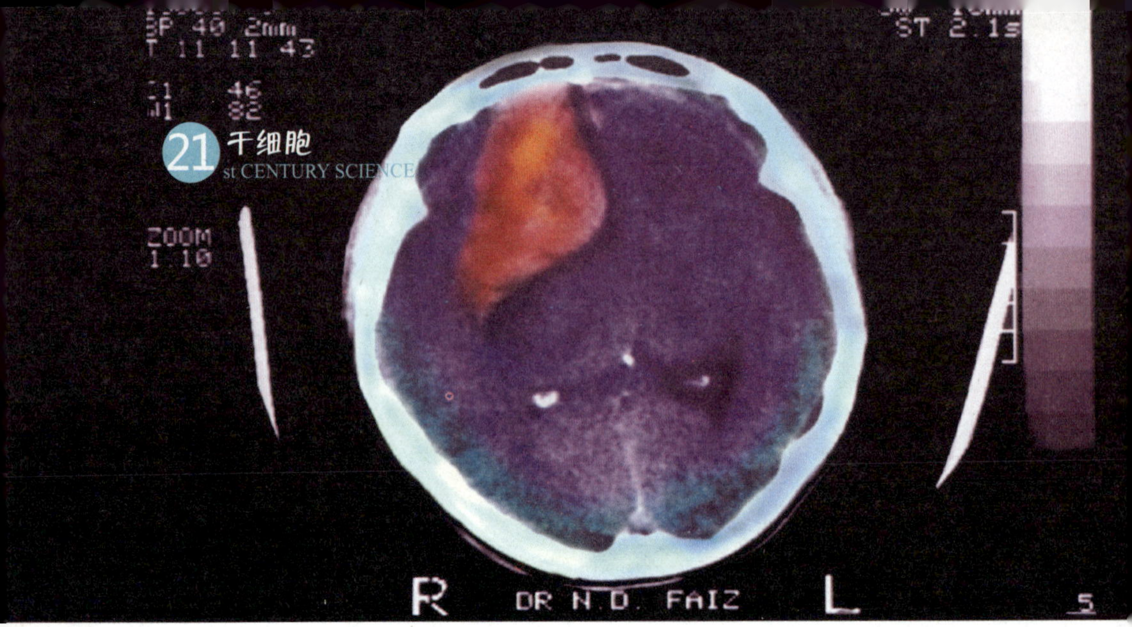

▲ 这幅图中，大脑中有一处出血点，或者叫做出血性伤口（红色，左部）。这是使大脑压力增加而造成的危险状况。

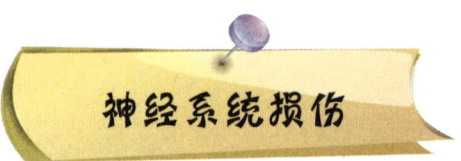

神经系统损伤

意外事故或者像中风等突发事件都可能会给神经系统造成损伤。这些事件对患者造成的损伤往往是毁灭性的，因为神经系统的大多数细胞不能够再生。脊椎损伤通常并没有伤到脊髓，但是可能引起椎骨断裂或挤压，这又会压坏或毁掉轴突。延伸的神经细胞通过脊柱把大脑的信号传输到身体的各个部位。有些患者只有部分轴突受到影响，还有康复的可能，有些患者的全部轴突都受到影响，最终会彻底瘫痪。患者还会遭遇其他健康问题，包括

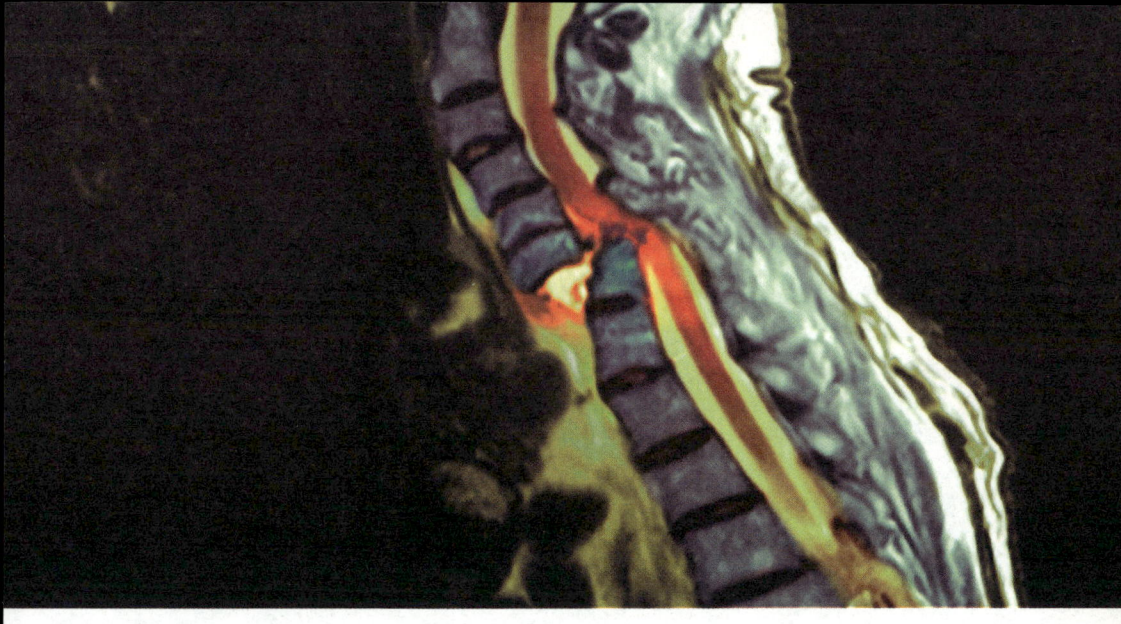

▲ 图中的脊柱因事故而断裂，挤压到了脊髓（红色）。

致命的心脏病和肺部疾病。

　　脊椎损伤通常是永久性的，漫长的身体恢复训练和药物治疗可能会恢复一部分运动或感知功能。但四肢瘫痪的患者，也就是四肢所有的运动功能都丧失的患者，几乎没有恢复的可能性。脑瘤也是永久性的，出现脑瘤是因为头部严重受伤或脑部供血被切断。

　　中风也是会破坏神经系统的潜在疾病，这种被称之为"脑部侵袭"的疾病发生在给大脑提供养料和氧气的血液供给中断的时候。发病原因可能是由血块引起的阻塞——缺血性中风，也可能是脑内出血——溢血性中风。溢血性中风是因为脑内血管爆裂。在发达国家，中风是位于心脏病和癌症之后的第三大致死的疾病。实际上，大多数慢性疾病造成的残疾都是由中风引起的。不抽烟、健康均衡的饮食以及定期锻炼是预防中风的最佳方式。

中风和干细胞

研究内容：美国得克萨斯大学医学院的研究团队想要知道给中风患者静脉注射他们自己的骨髓细胞是否安全，目的是为研究这些细胞如何改善中风患者的恢复情况铺平道路。

研究团队：得克萨斯大学医学院的神经学副教授肖恩·萨维兹博士和一组合作者在进行这一研究。

研究过程：从一位男性中风患者的腿部采集到骨髓

细胞，几小时后，把这些细胞注入他胳膊的静脉。因为这是自身的细胞，所以不存在排斥。患者刚到医院时，不能说话，右侧身体软弱无力。两周之后回家时，他已经能够不用帮助自己行走、爬楼梯，说话的状况也有改观。但是，尚不能确定他病情的改善是由于细胞注射还是因为自然恢复。

目前的研究结论：研究的第一步是确定手术是否安全。一旦安全性得到确认，团队就可以探索这种做法的益处。

干细胞的作用

未来的干细胞科学在治疗疾病和修复受损的神经系统方面有巨大的应用前景。直到最近，人们还认为大脑和脊柱中的神经细胞不能再生，但是在2002年，科学家发现了神经干细胞，从成年老鼠脑内取得的干细胞能够发育成功能性神经细胞。基于这个发现，近期已经出现了许多鼓舞人心的研究，这些研究在不同条件

▼ 绝大部分干细胞疗法的试验都在实验室里的白鼠和老鼠身上进行——目前在人类身上进行的试验几乎没有。

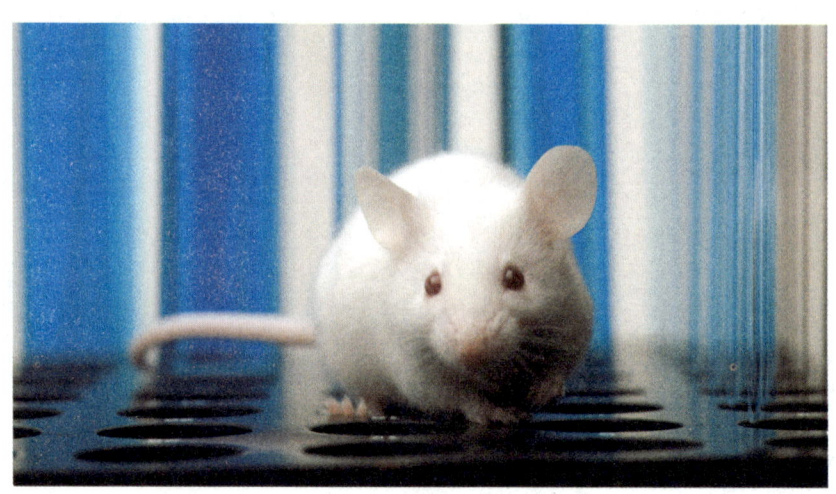

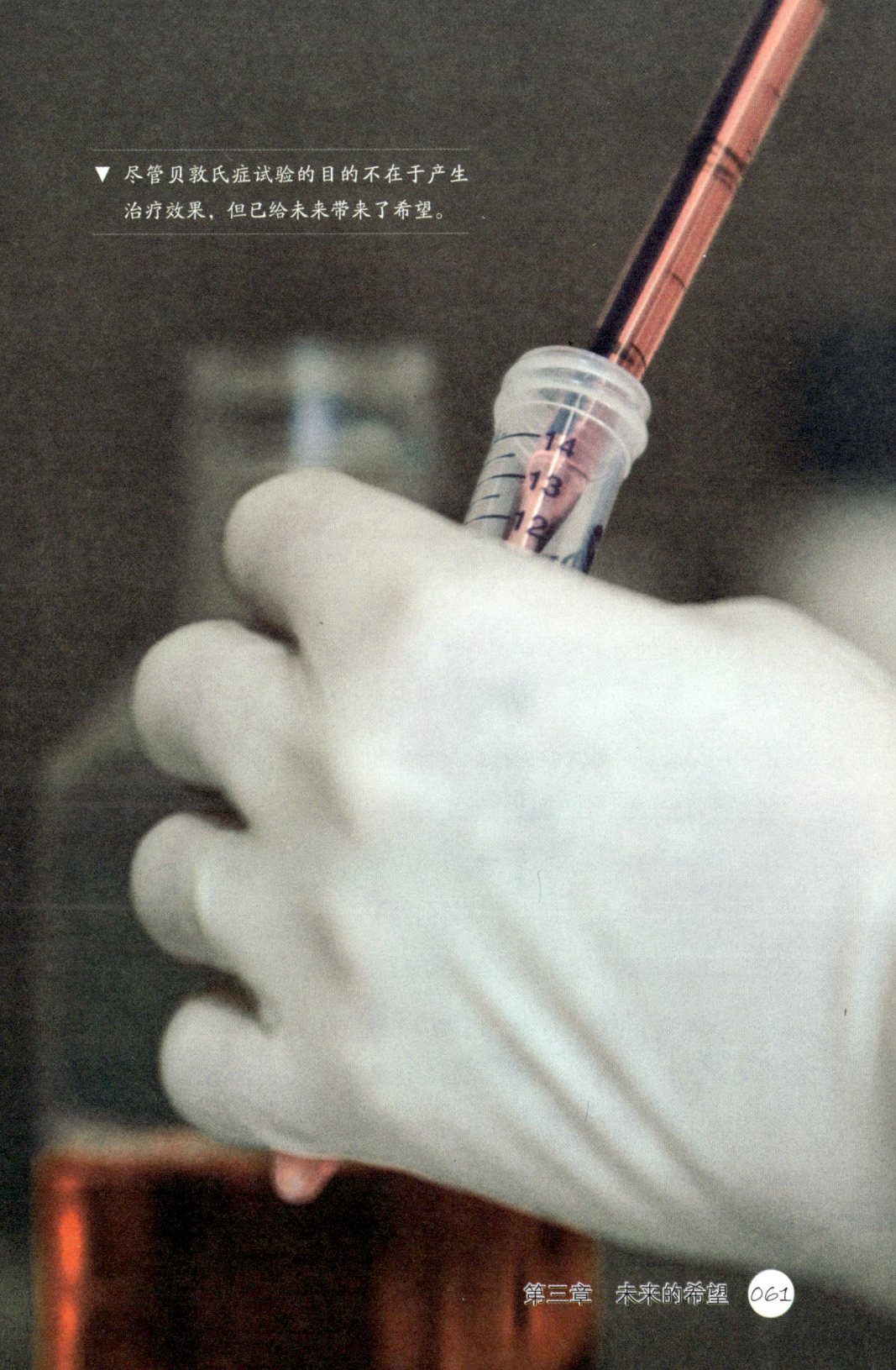

▼ 尽管贝敦氏症试验的目的不在于产生治疗效果,但已给未来带来了希望。

第三章 未来的希望

下寻求着可能的疗法。美国加利福尼亚大学的一个研究表明,干细胞疗法有助于恢复失去的记忆。这些试验大部分用动物做研究对象,显示的也仅是在老鼠或白鼠身上的效果。

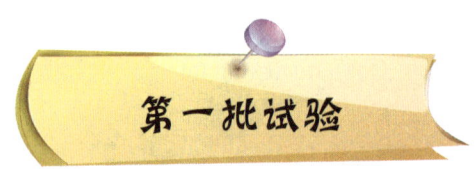

第一批试验

2009年的夏天有了一个重要突破,一组儿科专家和干细胞科学家宣布第一例在人体应用神经干细胞的试验获得成功。在美国俄勒冈健康与科学大学的德姆贝舍尔儿童医院,有六名患有一种名为贝敦氏症的罕见的致命性疾病的孩子,科学家给他们的脑部注入了纯化的神经脑细胞,然后用一年的治疗来消除身体对异体组织的排斥。试验初期的主要目的在于观察人类患者是否能够接受干细胞。从这个角度来说,试验取得了成功。

其他地方正在进行第一例使用干细胞修复人体受损脊柱的临床试验。加利福尼亚州的一家公司已经获得了进行干细胞研究的官方许可。这些都表明:将干细胞用于治疗神经再生疾病的研究仍处于早期阶段,但箭已在弦上,突破随时可能出现。

科学生涯

斯蒂芬·休恩博士是干细胞公司中枢神经系统项目的负责人,他管理着公司的临床预科和临床发展项目,他还是美国斯坦福大学医学院的神经外科副教授及儿童神经外科主任,目前他正在休假。

一日掠影……

休恩博士的工作是把对干细胞的科学认识和临床研究结合起来,包括研发应对各种中枢神经系统疾病的干细胞疗法。休恩博士一天的工作通常是和大学、监管机构及伦理委员会中的科学家和临床专家进行交流，以便推进干细胞研究并实施临床试验。

斯人斯语……

"我的工作中最令人满意的事情就是我们对中枢神经系统和干细胞疗法的潜能的了解越来越多。我现在的工作环境使我有机会全面接触这类疾病，与此相比，我以前的工作环境是临床治疗，那时的工作重点是一次就治疗一位患者。我希望在治疗人类疾病的新方法上，自己能有所贡献，有些折磨人的疾病目前还没有办法治疗。"

第四章 干细胞和糖尿病

无声的杀手

糖尿病已经困扰了人类3500年。当今世界上有1.95亿人患有糖尿病,并且人数还在不断增长。到2025年,这个数字会达到4.72亿。糖尿病有时也被称为"无声杀手",因为起初症状并不明显,等到发现症状时,病情已经比较严重了。

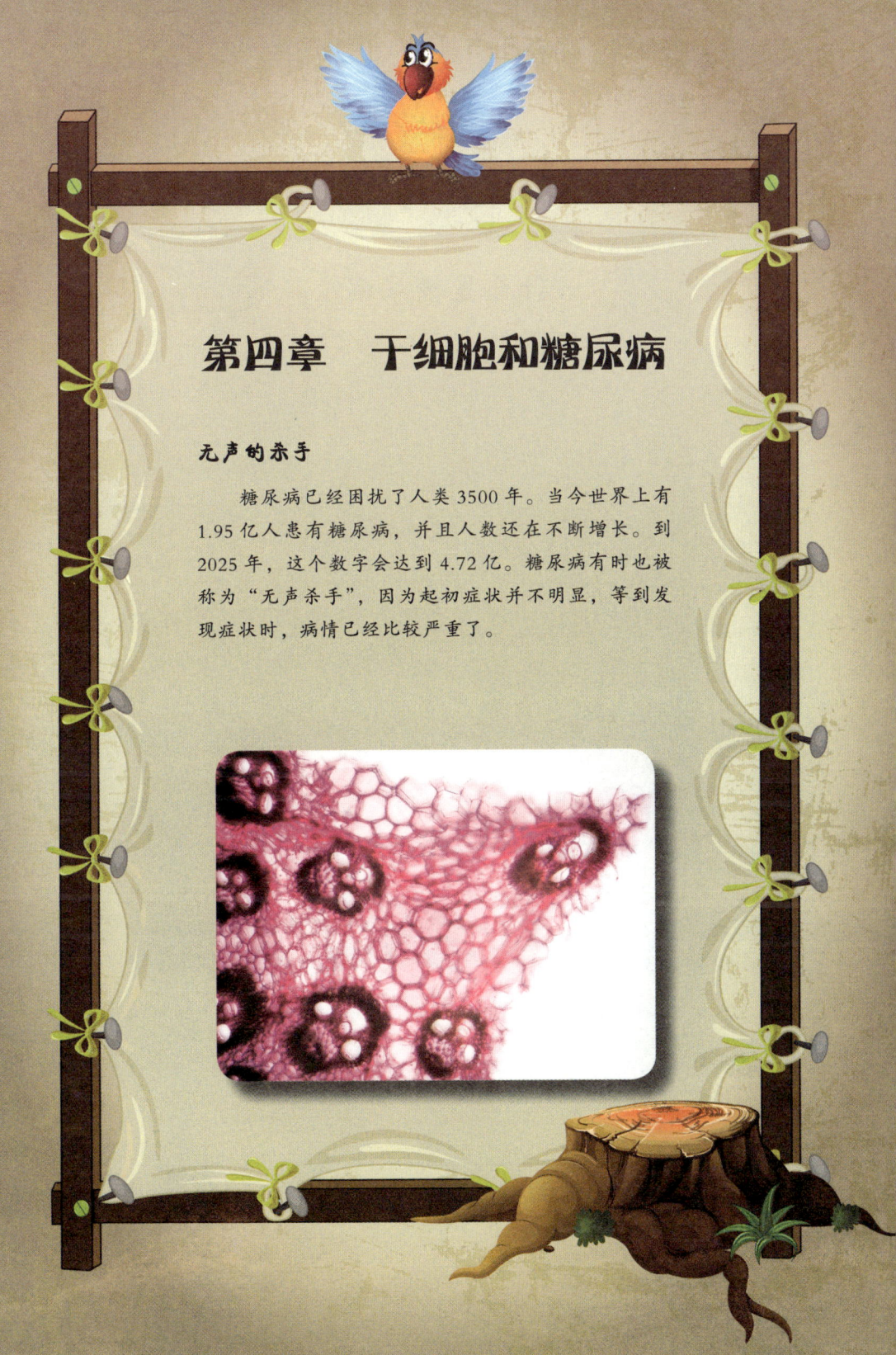

什么是糖尿病？

我们的身体就像需要燃料的汽车，每天它都需要能量来保持正常的功能运作。这些能量在我们体内如何处理全取决于新陈代谢。当处理过程出现紊乱导致血液中糖分过多时就是患上了糖尿病。我们吃进的大多数食物会分化为葡萄糖，这是一种血液糖。葡萄糖必须借助于一种叫做胰岛素的激素，才能到达需要它的细胞。分泌胰岛素的腺体在胃部附近，叫做胰腺。如果身体分泌的胰岛素不足，或者发生代谢紊乱，葡萄糖就到达不了细胞而留存

▶ 医生们焦虑地发现，越来越多的年轻人因为缺乏锻炼和饮食不健康而患上2型糖尿病。

在血液中。积存在血液中的葡萄糖最终通过尿液排出体外，没能把能量提供给身体内的细胞，这就是糖尿病。随着时间的推移，它能引起诸如眼睛、肾、神经和心脏等其他器官的严重问题，它也能导致肢体被截，尤其是脚部。

糖尿病前期，血液中的糖分已经过高，不过还没高到可以被确诊为糖尿病的程度。这已是糖尿病的前兆，它会大大增加罹患心血管疾病的风险，如心脏病和中风，不过减肥和锻炼可以有效地治疗前期糖尿病。

糖尿病有3种类型，分别是1型、2型和妊娠型糖尿病。1型通常出现在儿童和青少年身上，占诊断病例的5%—10%。病因是体内的免疫系统杀死了胰腺内所有分泌胰岛素的细胞，这样葡萄糖

第四章　干细胞和糖尿病

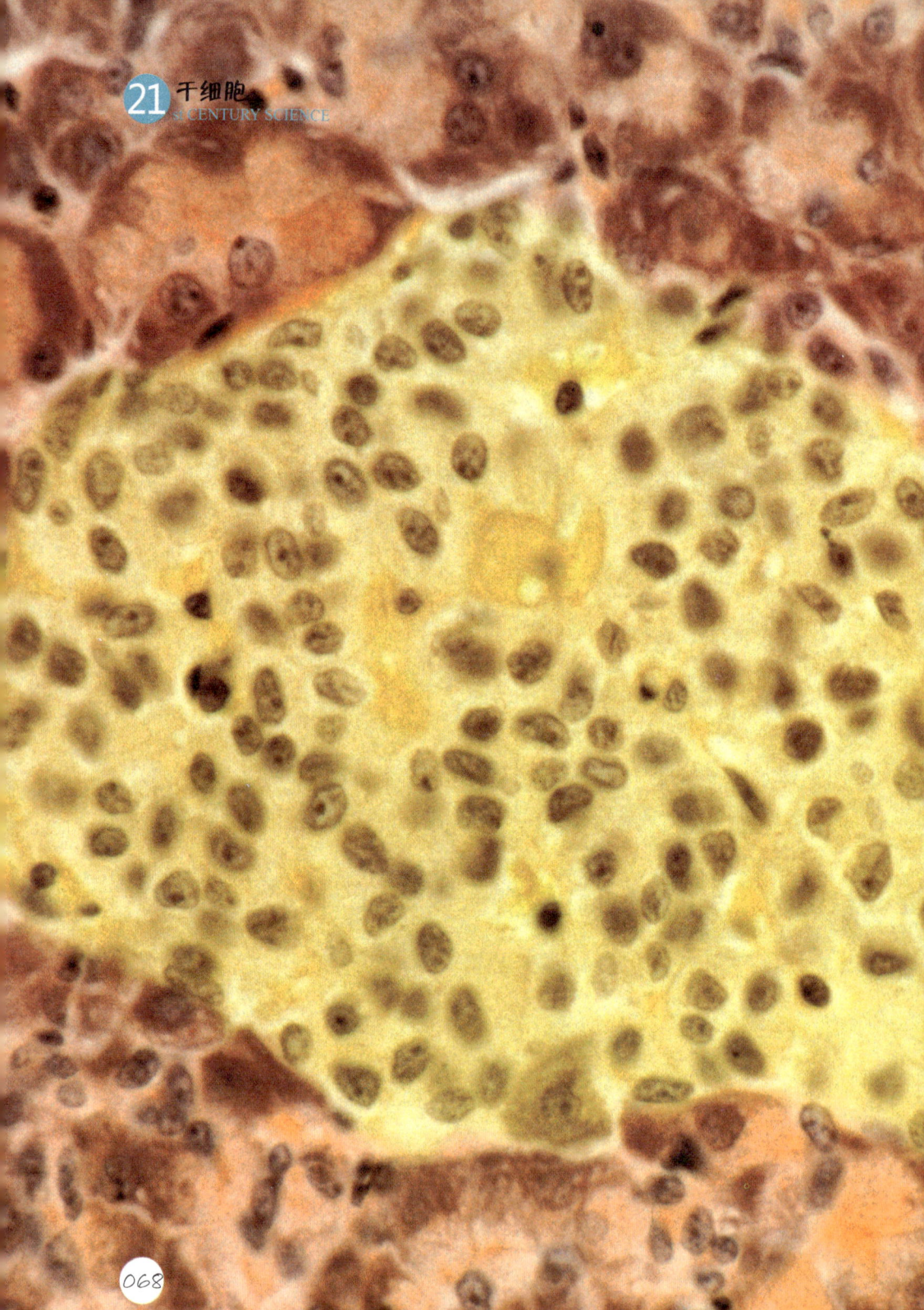

▼ 这是胰腺中胰岛的一部分。胰岛中的细胞（黄色）分泌胰高血糖素和胰岛素，这两种激素控制着血糖水平。

第四章 干细胞和糖尿病

21 干细胞
st CENTURY SCIENCE

▲ 这是柳叶刀，可以用它来获取血糖测试所需的一滴血。对这滴血的测试由一个单独的血糖水平测试仪来完成。

便无法得到处理。

2型糖尿病也叫做成人发病型糖尿病，但它可以在任何年龄发作。患者的胰腺能够分泌胰岛素，但数量不够。缺乏锻炼、饮食不健康都能导致2型糖尿病。

妊娠糖尿病影响的是怀孕的女性。尽管婴儿降生后病症就会消失，但还是会引起并发症，而且会增加以后患2型糖尿病的风险。

胰腺的作用

我们体内有多种不同的腺体——从豌豆大小的位于大脑中心附近的松果腺，到体内最大的腺体胰腺。腺体是内分泌系统的一部分，在身体的许多功能中扮演着重要角色。

胰腺看起来像一个被微微挤压的香蕉，它有点弯曲，长度和形状都和香蕉相似。它在十二指肠附近，是小肠的第一部分，连接着胃部。胰腺有两大功能：分泌激素，如胰岛素；以及分泌消化酶，消化酶帮助消化我们吃进去的食物。

胰腺的绝大部分起消化作用，只有5%的细胞属于内分泌系统（分泌激素）。这些细胞聚集为群组分布在整个胰腺内，看上去有点像小岛，因此把它们叫做胰岛细胞。它们也叫兰格尔翰斯细胞，因为一位德国医生保罗·兰格尔翰斯博士于1869年发现了它们。

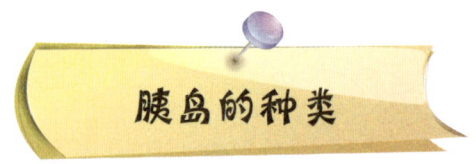

胰岛的种类

胰岛分为三类：阿尔法型，分泌叫做胰高血糖素的激素；贝塔型，分泌胰岛素；德尔塔型，分泌生长激素抑制素。胰岛被血管包围，分泌出的激素，如胰岛素和胰高血糖素，可以直接进入血液。

如果这些细胞被破坏或杀死，会直接导致人体患上1型糖尿病。从20世纪70年代后期起，科学家开始把健康的胰岛细胞移植到糖尿病患者身上。细胞的捐献者一般都是已经被宣布脑死亡的人。

糖尿病的自我检测

研究内容： 为了找到一种简单、无痛的利用尿液或唾液进行的糖尿病自我检测方式，以帮助早期的诊断。

研究团队： 美国俄勒冈糖尿病组学有限责任公司的斯里尼瓦萨·R.纳盖拉教授、印度海得拉巴尼扎姆医药科学研究所的拉奥·帕图里教授，以及美国波特兰市俄勒冈健康与科学大学的查尔斯·T.小罗伯茨教授。

研究过程：团队从患有前期糖尿病、糖尿病、糖尿病并发肾病的人群的血清、尿液和唾液中搜集了白细胞。他们对这些白细胞进行分析以确定糖尿病特有的蛋白质，使用的技术包括电泳疗法。

研究结论：团队已经发现了在尿液和唾液中，有大约100种蛋白质高于或低于非糖尿病患者。这帮助团队研发出使用尿液或唾液——而不是血液——的蛋白质测试方法。测试无痛，容易操作，无需在实验室里进行，而且能够提供所需的信息。

治疗糖尿病

1型糖尿病患者需要每天注射胰岛素,并密切关注血糖水平,以避免陷入昏迷或使器官长期受损。目前,唯一的治疗办法是移植整个胰腺或移植胰岛细胞。但是,捐赠者有限,而等待器官的人却数目众多。无论哪种移植,患者在整个余生中都得服用强效药物来防止免疫系统排斥被移植器官。他们自身的免疫系统不断受到压制,这使他们极易受到感染。

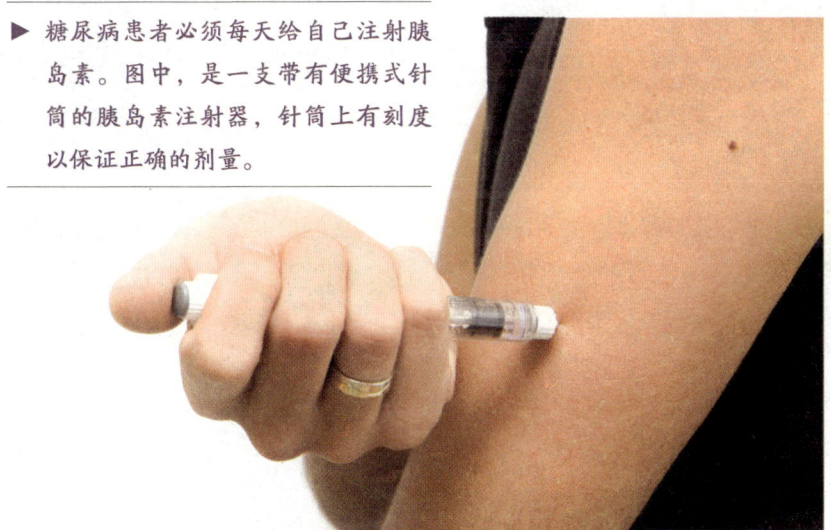

▶ 糖尿病患者必须每天给自己注射胰岛素。图中,是一支带有便携式针筒的胰岛素注射器,针筒上有刻度以保证正确的剂量。

第四章 干细胞和糖尿病

21 干细胞
st CENTURY SCIENCE

▲ 照片显示贝塔细胞（暗红色的圆形物）聚集在胰腺内部的胰岛里。

糖尿病和干细胞

贝塔细胞是宝贵的胰岛素分泌细胞,它由胚胎干细胞长成,各种基因精心监管着其生长过程。用干细胞生成贝塔细胞的主要挑战是:目前还不知道,在婴儿降生后到长大成人的这段时间内,新的胰岛细胞产自哪里。有的科学家认为它们产自于胰腺上的输送管或者就是胰岛细胞自己,还有一些科学家认为它们来源于血液干细胞。干细胞是只发育成贝塔细胞,还是能发育成其他种类的胰岛细胞,这一点也还不清楚。有研究显示,单独培养的贝塔细胞的效能不如在身体里和其他类型的细胞聚集在一起的贝塔细胞好。

要将干细胞真正应用于治疗糖尿病患者,还有很多的障碍需要逾越。但在世界各地,有许多激动人心的研究项目都在朝这个目标努力。

科学生涯

卡莲·科斯格罗夫博士在英国曼彻斯特大学的生命科学院工作。完成博士后学位之后，她继续在谢菲尔德大学研究糖尿病。她获得了曼彻斯特大学的独立研究奖学金，还管理着一个小型研究团队，他们在寻求治疗糖尿病的新方法，包括应用胚胎干细胞生成新的胰腺细胞。

一日掠影……

科斯格罗夫博士说没有所谓的典型的一天，她的每一天都是不同的。她也许在撰写论文，也许在争取补助金，也许在聆听别人的讲座以获取灵感,改进自己的研究。她还上网以了解最新的研究成果,在实验室中查看干细胞的生长情况,还要负责各项事务的顺利运转。

斯人斯语……

"我工作中最满意的事情包括我的研究成果的发表,获取更多的实验基金,受邀跟别的科学家和公众成员谈我的研究,看到我的学生在获取学位的过程中实现自己的潜能。生活中总是有新的期待、新的挑战。"

第五章　干细胞科学

免疫系统和疾病

　　你的免疫系统是一支不可思议的、时时刻刻都在工作的防守部队。如果你把自己的身体想象成一个国家,那么这个国家每天都在不断地遭受来自细菌、病毒、有毒物质和寄生虫的攻击和狂轰滥炸。

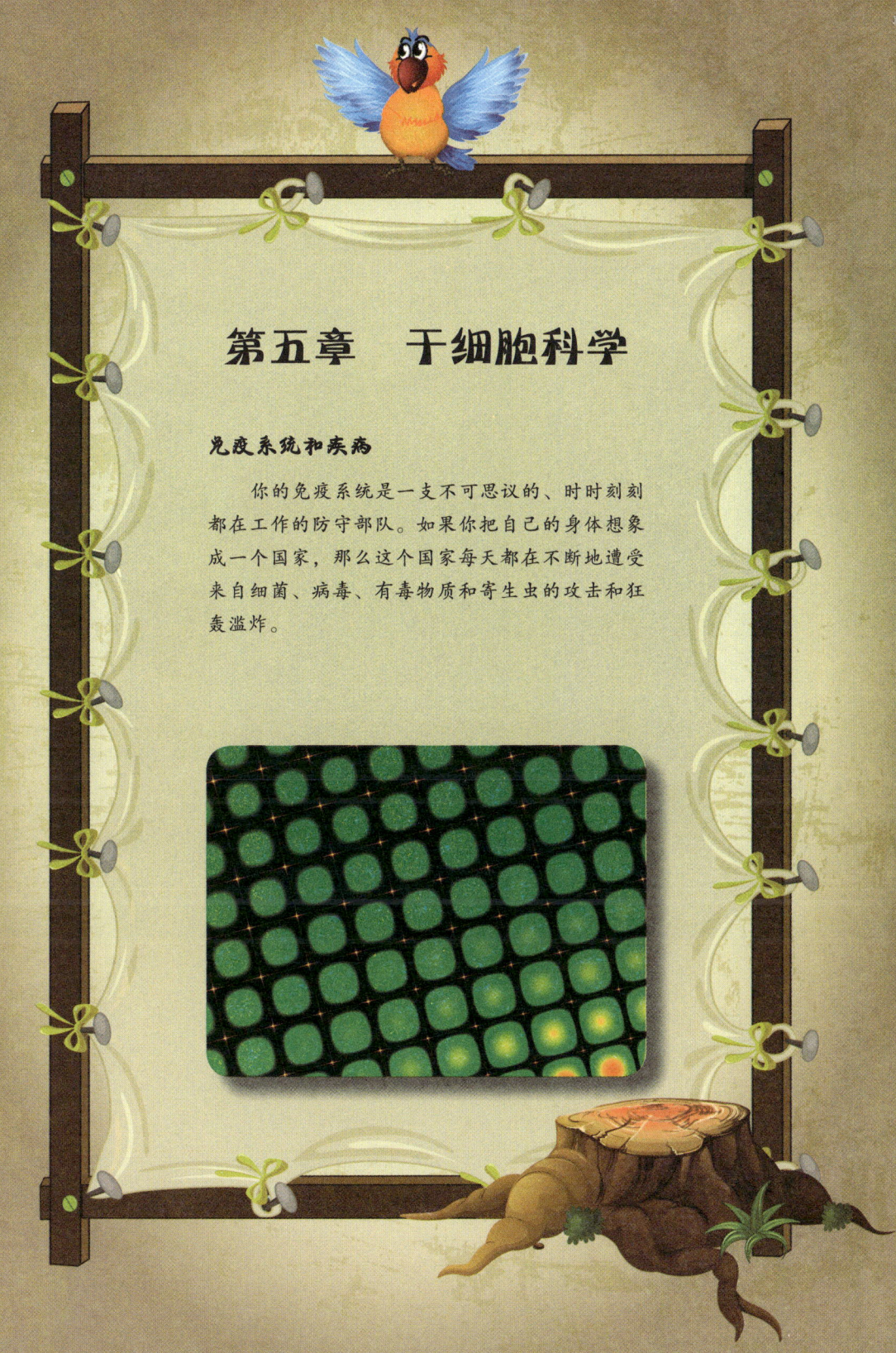

21 干细胞

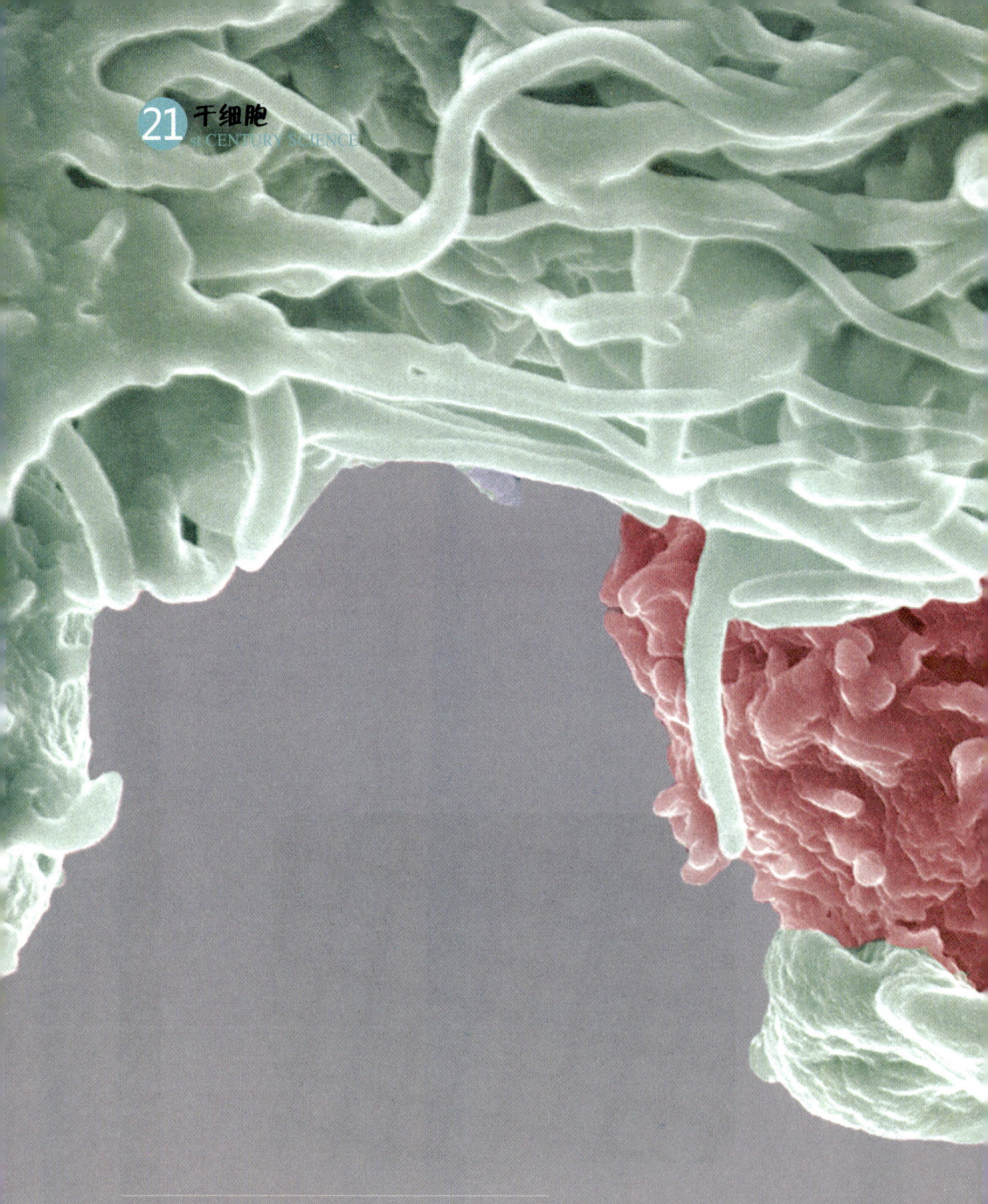

▲ 淋巴细胞（粉红色）攀附在一个细胞表面的外来物质上，分泌出抗体以消除危险。

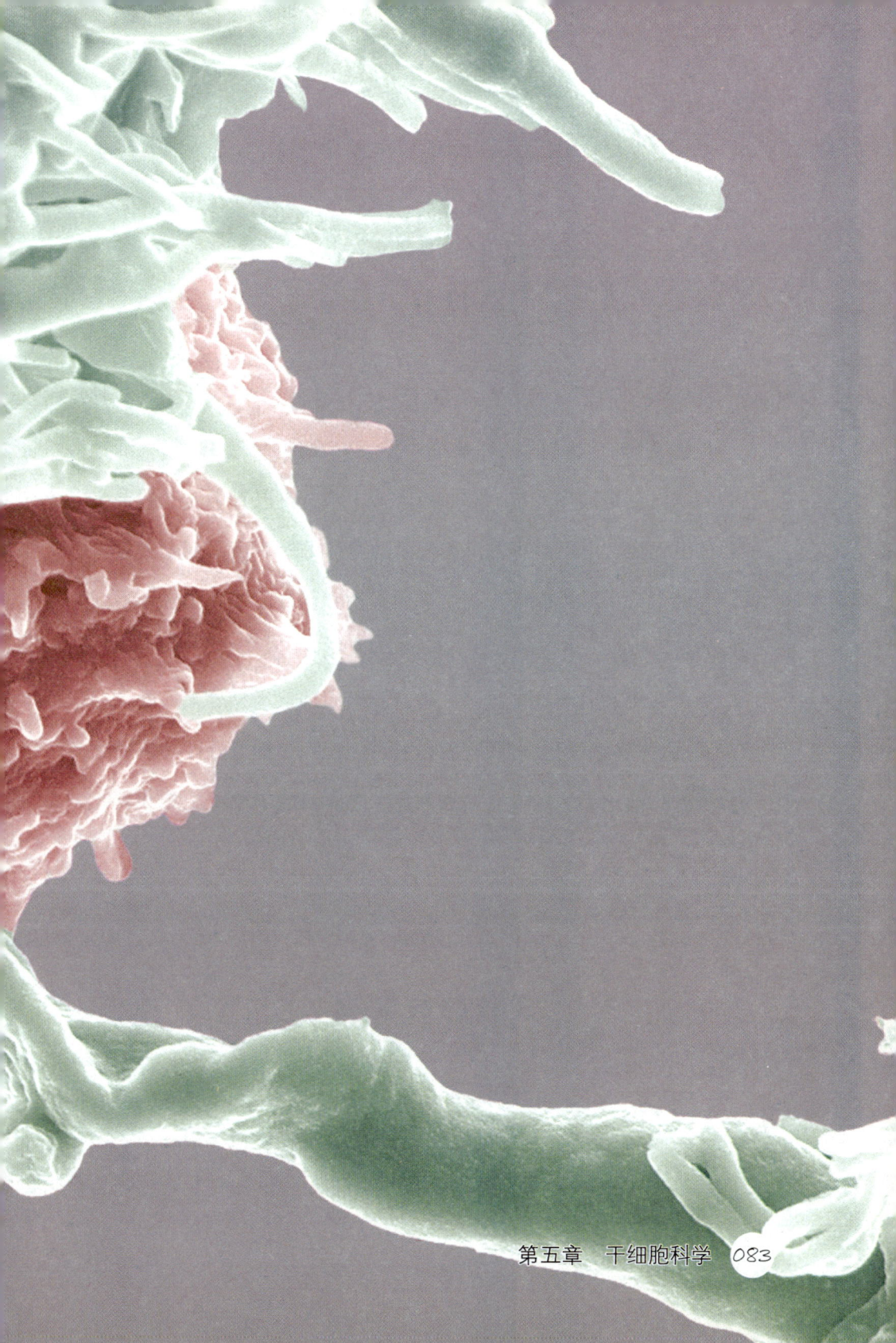

第五章 干细胞科学

防线

免疫系统有自己的循环系统、器官和高度特化的细胞。淋巴管和淋巴结是循环系统，和血液类似，不过淋巴管中流动的是透明的淋巴液。淋巴液中的淋巴细胞对身体的所有组织都至关重要，它像卫兵一样抵御外来物质。当我们弄伤自己或者接触到不友好的微生物时，淋巴细胞就开始修复损伤，击退病菌。

免疫系统有时会攻击自己，把自身组织错认为是外来威胁，像对入侵者一样发起攻击，这就是自身免疫病，如风湿性关节炎和狼疮。目前这类疾病没有办法治愈，患者只能求助于药物和其他疗法。

干细胞的帮助

一种新型干细胞疗法带来了希望。患者服用药物来产生刺

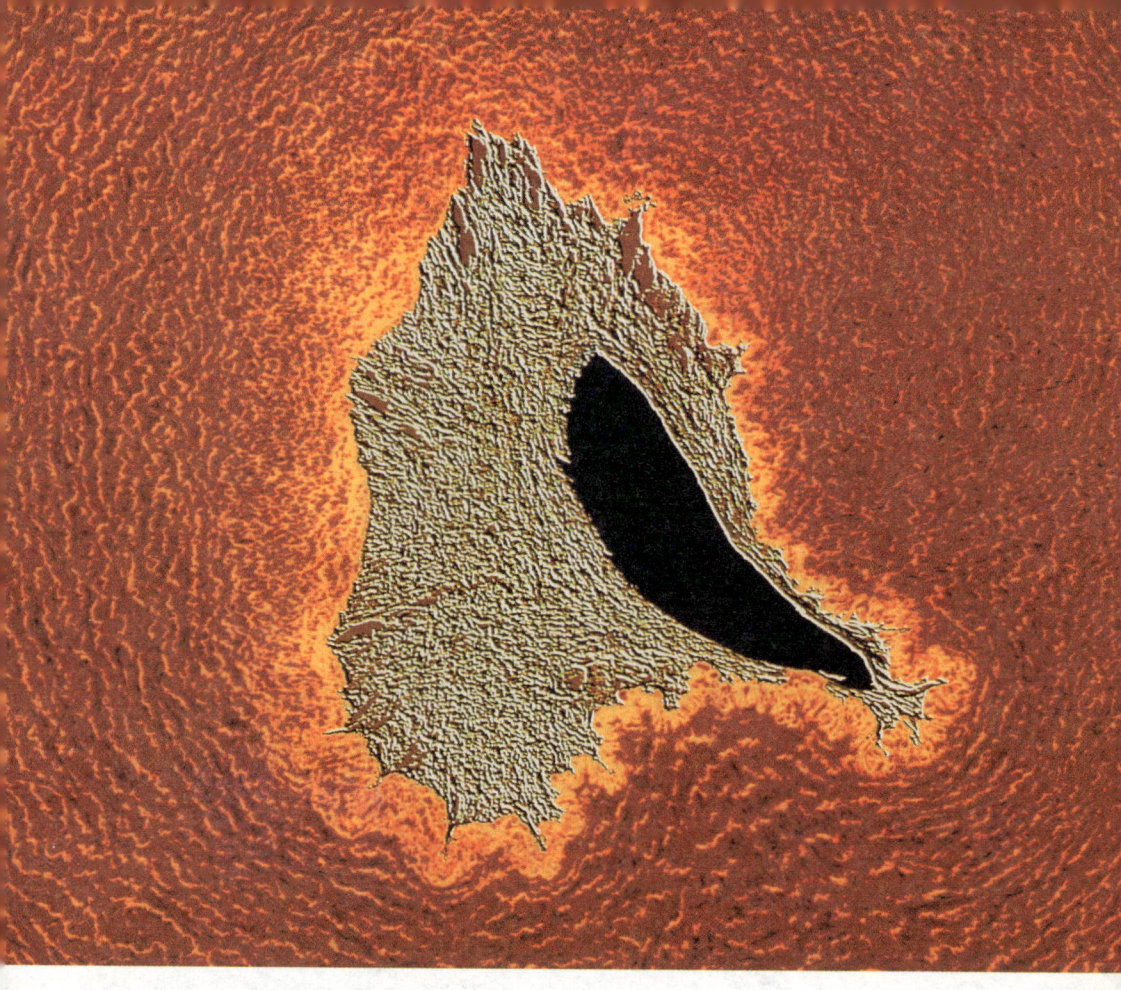

▲ 这张图片显示了动脉壁上脂肪堆积物形成的斑块,这些斑块最终会阻塞动脉,引起心脏病。

激,生长出大量新的造血干细胞,然后从患者身上抽血,从血样中采集干细胞冷冻起来。在这个过程中患者需服用大剂量药物,有时还需接受放射治疗。之后再把干细胞重新输送回患者体内,以此来启动免疫系统的正常功能。这种手术失败的几率很高,风险很大,但会很有效。

筑造一颗新心脏

心脏病是全世界的头号杀手之一,而且患病人数还在不断攀升。专家认为未来的干细胞疗法可能会十分有效。当心脏细胞受到破坏或损伤,心脏无法正常供血时,就会出现充血性心力衰竭。心脏的肌肉细胞叫做心肌细胞,它们会因心脏病发作而受到

▼ 健康的心脏肌肉(蓝色)需要不停地把血液输送到全身。

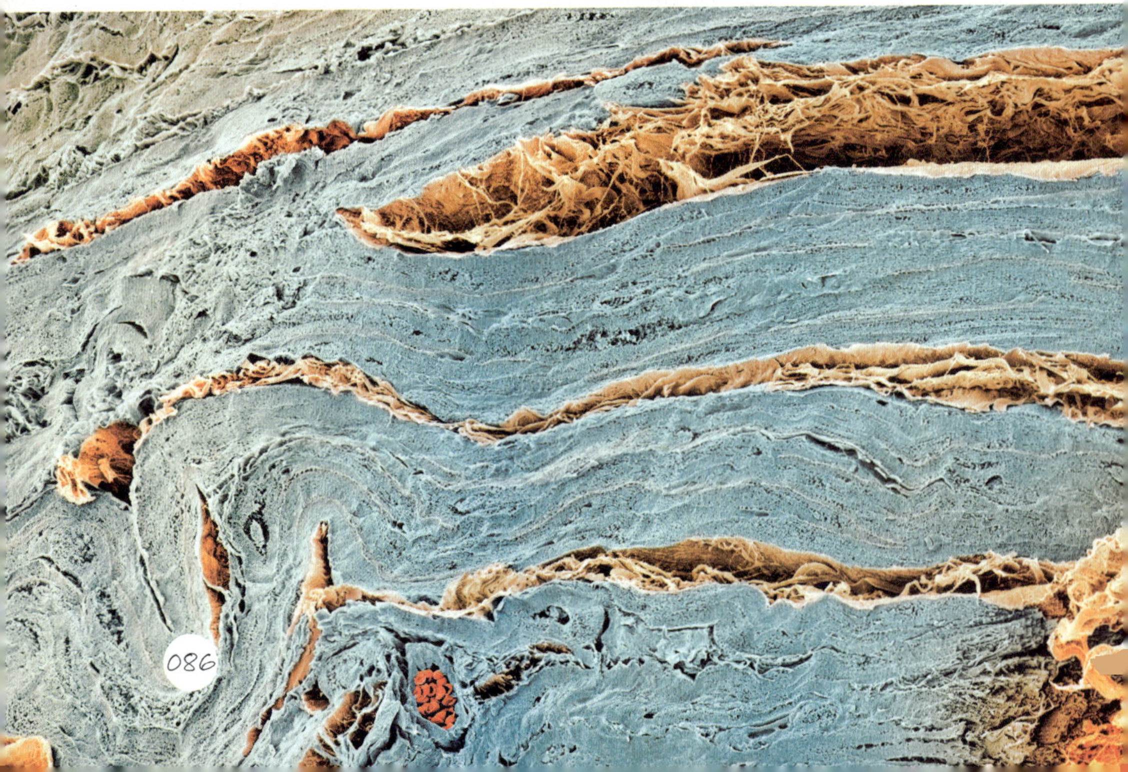

损伤,因为血液和氧气的供给受到了阻碍。动脉疾病和高血压也会损伤心肌细胞。

避免这些疾病的最佳方式就是避免吸烟、保持健康的饮食和充分锻炼身体。组织一旦受损,结果往往是不可逆转的。预防阻塞的药物——溶栓药物——可以帮助血液流动到受损区域并防止更多的细胞受损。当前干细胞研究的努力方向是:修复受损的心脏。

近期的研究

目前的实验仅在老鼠和白鼠身上进行,不过已经能够诱导干细胞生长成为心脏细胞。实验所需的干细胞取自成年白鼠的骨髓和人类的造血干细胞。

还有研究调查心脏自身是否有潜在的干细胞,目前还没有确凿的证据,当然这类研究才刚刚起步。要想修复受损的心脏,就得有数以百万的干细胞。新发现的步伐十分神速,也许有一天真的可以修补一颗"破碎的心"。

21 干细胞

科学生涯

史蒂文·豪泽博士是美国宾夕法尼亚州坦普尔大学医学院心血管研究中心的主任。他的实验室对造成心脏肌肉机能障碍的基本机制给出了定义,这种障碍导致充血性心力衰竭,这是在西方社会造成死亡的头号原因。豪泽博士的工作证实了心脏肌肉细胞的死亡引发了心力衰竭。1998年,他建立了心血管研究中心,把科学家们召集在一起,共同研究心血管疾病的发病原因和治疗方法。

一日掠影……

豪泽博士的实验室目前在研究如果用新的心脏细胞取代旧的

受损细胞,那么已衰竭的心脏的功能能否被改变,患者的生命能否得以延长。豪泽博士一天典型的工作包括领导团队研发用于心脏再生的新型干细胞、评估新数据、撰写手稿,以及提出建议以支持研究。

斯人斯语……

"了解人类身体的新情况,使用这些新信息去帮助那些因为疾病而生活质量降低、寿命缩短的人,所有这些事情都令我兴奋。"

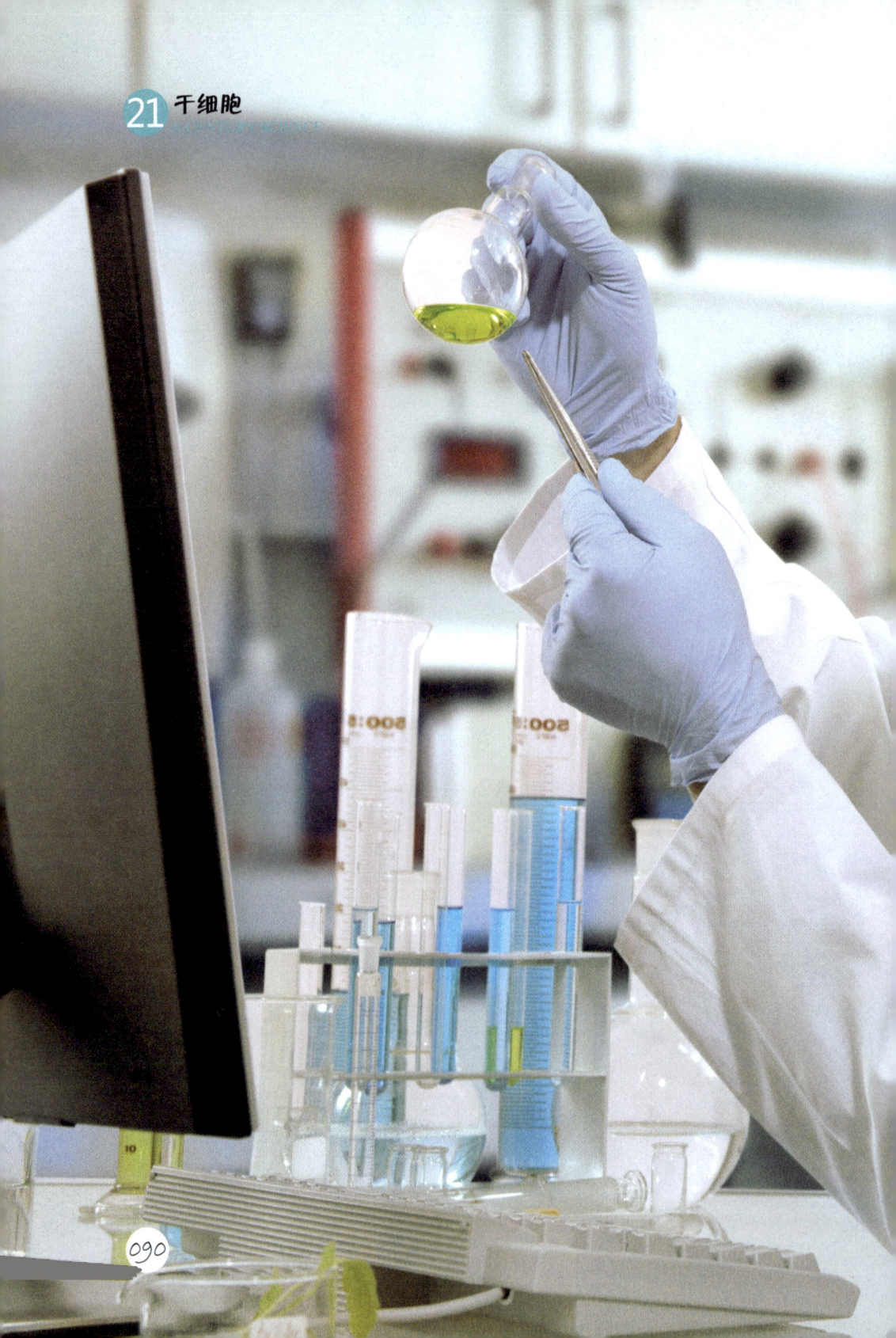

▲ 除常规的试管（实验室）测试之外，科学家还使用计算机模型来检查药物在患者身上可能产生的效果。

更安全的检测方法

将新药物投放市场是一项漫长而痛苦的工作。新药物面对公众时，已经经过了广泛的测试，以确保它的安全性和疗效。医药公司非常关注服药人员的安全，但还是做不到万无一失。

药物测试出错时

2006年，6位健康的志愿者服用了一种叫做TGN1412的新药，这种药物是治疗发炎症状的，如风湿性关节炎和白血病。注射药物仅几秒钟后，这几个人就出问题了，有的出现了器官衰竭的状况。这6个人后来都康复了，但他们可能长期都会有健康问题，目前还不知道会是什么问题。虽然像这样极端的意外反应极为罕见，但根据药品和保健品管理局公布的数据，自2001年以来，已有2088位志愿者因为测试药物而不得不接受医学治疗。

一种新药物的研发需要经历几个阶段：首先，在实验室中对药物进行测试；然后在动物身上测试，通常是老鼠和白鼠；接下来，还需要得到特殊许可才能在人身上测试，如果得到了许可，首先在健康的志愿者身上使用，其次才选择一组患者测试，最后在大批患者身上测试。整个过程从开始到结束可能要花费十年之久。

在未来，干细胞科学可以加快这个进程，保护人类志愿者。如果人类干细胞可以用于药物测试，那就意味着在动物测试和人类测试之间架起了一座桥梁。不过，这还只是多年以后的一个远景。

▲ 在患者服用试用药物之前，医生要仔细地对其进行诊疗。

第五章　干细胞科学

科学生涯

加布里埃尔·拉萨拉博士是TCA细胞疗法公司的总裁兼科技主管，TCA细胞疗法公司是一家干细胞研发公司。他先是在阿根廷科尔多瓦国立大学的医学院学习，后来又在布宜诺斯艾利斯的波萨达斯国立医院学习。在这家医院的内科医学部做过一段时间住院实习医生后，他来到了美国的密西西比大学。他建立了生命资源冷冻库，以储存脐带血和成人干细胞，他还成立了干细胞基金会，为干细胞研究筹集资金。

一日掠影……

拉萨拉博士经营着一家诊所，实施可以改善血流情况的血管再生术。他每周会留出一两天去做和成人干细胞研究相关的手术，包括旨在获取干细胞的骨髓手术。晚上，他通常做做研究，撰写准备在医疗期刊上发表的科研论文。

斯人斯语……

"我工作中最满意的事情是有积极的疗效出现在我用成人干细胞治疗的患者身上。我希望能为心血管疾病找到有效的成人干细胞疗法。"

干细胞和癌症

　　有些干细胞和癌细胞有共同的成分，如自我更新和自我精确复制的能力。科学家最近刚刚发现干细胞和癌细胞有相同的基因特征。干细胞疗法已经通过骨髓移植应用于癌症治疗。干细胞以多种方式帮助患者制造他们身体所需的血液。

▼ 技术人员正在察看一个装有取自老鼠的单克隆抗体的盘子，这个盘子会被插入自动筛选机。

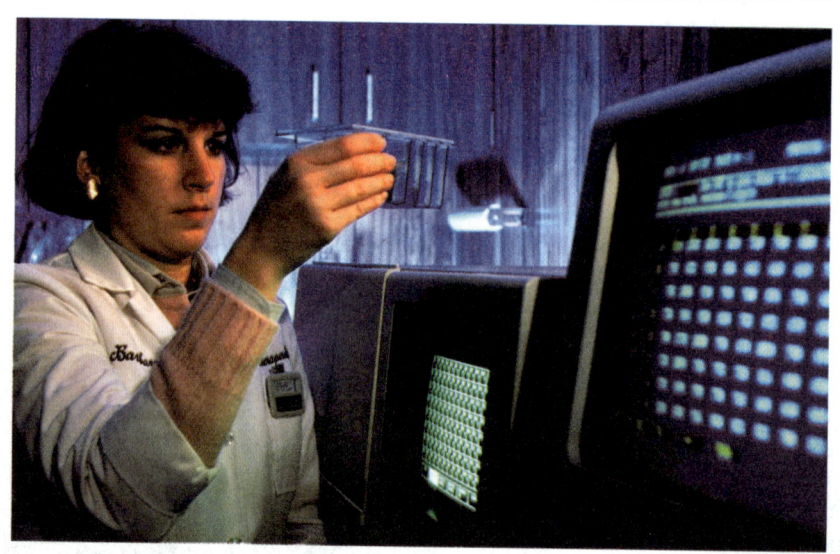

瞄准

现在许多科学家认为在肿瘤中也许存在着数目极少——1%——的干细胞,这些干细胞也许是疾病发展的幕后推手。这个思路也许会开辟一条新路,使药物专门针对这些细胞而不触及其他的健康细胞。

在试验中,一种叫做盐霉素的新药可以针对并杀死这些细胞,这似乎是未来很有前景的一种疗法。

全世界基于干细胞疗法的癌症治疗方法有750种之多。研究人员正在力图使干细胞成为"肿瘤搜寻器",用化学方法迷惑癌细胞,使它们产生毒素。这样做的结果就是癌细胞的自杀。另外一种干细胞癌症疗法会在不久的将来进行人体测试,这种方法使用的是"单克隆抗体"。抗体是血液中的蛋白质,当身体过敏时,它们就会作出反应。单克隆抗体是被克隆的抗体,把它们和癌症干细胞结合在一起,可以扰乱癌细胞。

21 干细胞
st CENTURY SCIENCE

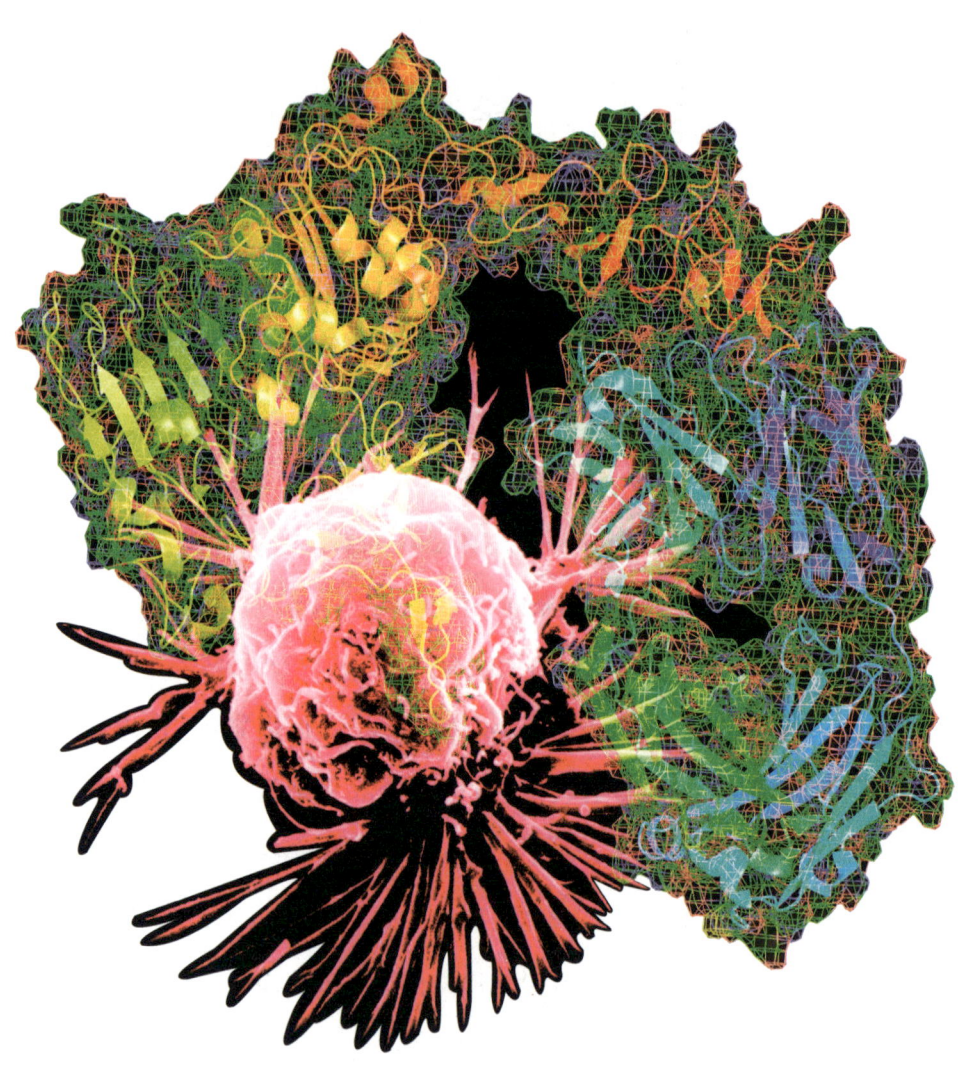

▲ 图像显示的是带有赫赛汀分子模型的乳腺癌细胞（粉红色），赫赛汀是一种阻止癌瘤生长并能杀死乳腺癌细胞的药物。

研究内容：科学家想要确立一种系统的方法，以发现杀死癌症干细胞的药物。

研究团队：美国马萨诸塞州麻省理工学院博德研究所和哈佛大学的皮尤士·B.古普塔博士、麻省理工学院和哈佛大学的埃里克·S.兰德教授、麻省怀特海德生物医学研究所的罗伯特·A.魏因贝格教授和美国马萨诸塞州塔斯夫大学药学院的夏洛特·库帕尔瓦萨博士。

第五章　干细胞科学

研究过程：团队研发出一种稳定的方法，可以在实验室中让癌症干细胞生长。然后他们用1.6万种化学合成物治疗细胞，在其中寻找那些只杀死癌症干细胞的化合物。在一个有着384个微小孔洞的盘子上，研究者使用了机器人技术种植细胞。机器人的胳膊上有384个尖端，可以给每个孔洞添加营养物和化合物。最后，由团队确定每个孔洞中活细胞的数目，由此确定哪些化合物能够最有效地杀死癌症干细胞。

研究结论：团队发现有可能找到只选择杀死癌症干细胞的药物，这意味着将来的癌症治疗可以把抗癌症干细胞的药物和传统药物结合在一起，这样就能摧毁肿瘤内的所有癌细胞。

干细胞和血液研究

对于医院和其他保健机构来说，保有充足的捐献的血液供应是至关重要的。使用全血的情况比较少，捐献来的血液通常会被分离成不同的成分：血浆、血小板和红细胞。每种成分都有可能拯救生命。

外科手术用掉了将近1/4的血液量，其余的血液用途多种多样，不仅仅限于交通事故和紧急情况，还包括产科对血液疾病的治疗和对新生婴儿的护理。但是，经常会出现献血人数不足、血液储存量过少的情况。近期，美国和加拿大都报道过血液储存量急剧下降的新闻。

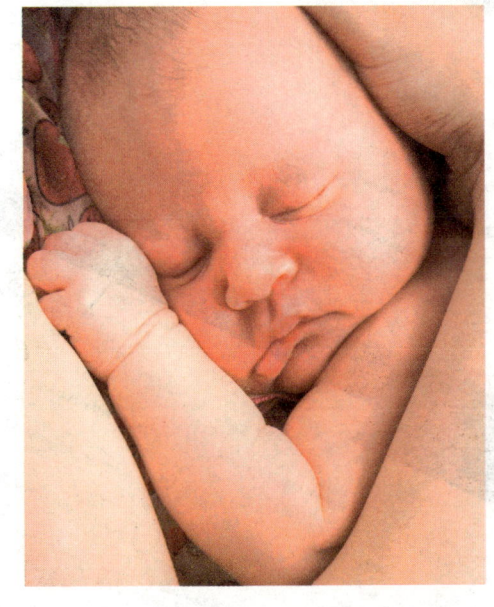

▲ 新生婴儿经常受惠于血液制品，血液能拯救他们的生命。

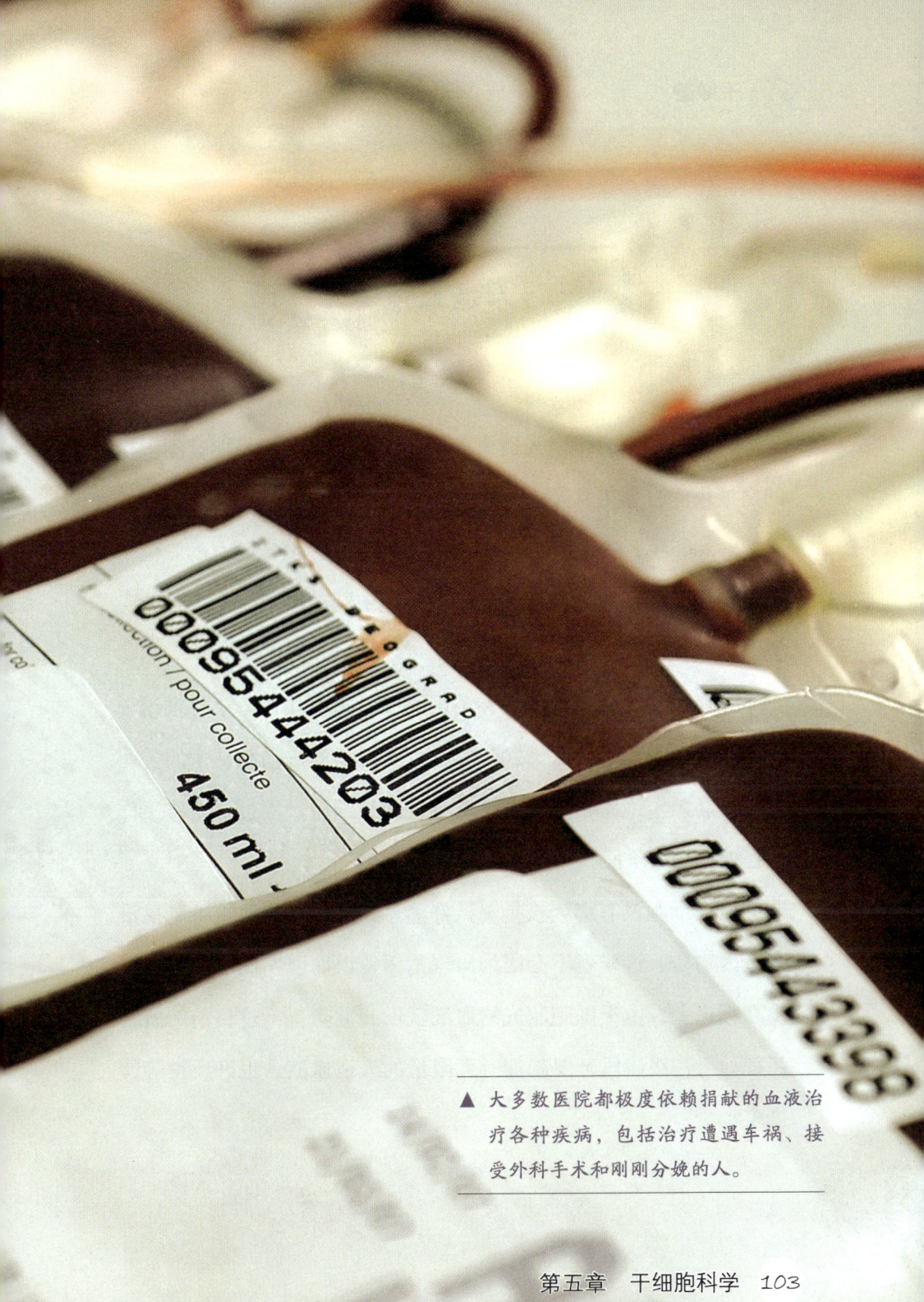

▲ 大多数医院都极度依赖捐献的血液治疗各种疾病,包括治疗遭遇车祸、接受外科手术和刚刚分娩的人。

第五章 干细胞科学 103

人造血液

许多科学家为研制人造血液做了大量工作,如果能有不限量的血液供应,那可真是太理想了。干细胞有可能成为人造血液的来源。2005年,法国皮埃尔与玛丽-居里大学血液实验室的一位干细胞生物学家吕克·杜艾从血液干细胞中制造出了完全成熟的人类红细胞。

瑞典、法国、澳大利亚和英国的科学家都在致力于寻求用干细胞制造人造血的方法。2008年,一家名为先进细胞技术的公司设法把胚胎干细胞转化成了携带氧气的红细胞。不过,这些工作都还处在初级阶段。

血液细胞没有细胞核是一条好消息,这意味着血液细胞里没有基因物质,这样就不会因为出现基因错误而引发癌症。那么至少在理论上,由干细胞制成的血液就没有危险。不过目前的研究还都处于初级阶段,要想拥有无限量的人造血液,也许还得等待许多年。

科学生涯

吕克·杜艾教授是法国巴黎皮埃尔与玛丽-居里大学细胞疗法研究小组的组长。1991年起,他任这所大学的血液学教授,他还是阿尔芒德·特鲁索儿童医院血液实验室的主任。1995年,他任法国血液机构的医学和科学负责人。

一日掠影……

杜艾教授和他的团队的工作是用干细胞生成输血所需的红细胞。几年以来,研究人员一直致力于找到红细胞的替代品。杜艾教授的理念是：既然我们无法取代自然，那我们就应该努力模仿它。杜艾教授的一天通常是上午看病，下午做研究。他也撰写论文，为以后的研究起草报告。

斯人斯语……

"从生物学角度说，我们对血液干细胞的了解已经很充分了，已经可以在实验室中制造出人类红细胞……我们有充足的理由相信，可能用不了几年，就能培育出充裕的红细胞输送给患者。"

第六章 挑战和进步

起步之艰

当报纸上的新闻标题大肆宣传某些疾病可能有了治愈方法时,它们正把虚幻的希望带给成千上万的人,因为这样的突破将会改变,甚至拯救他们的生命。

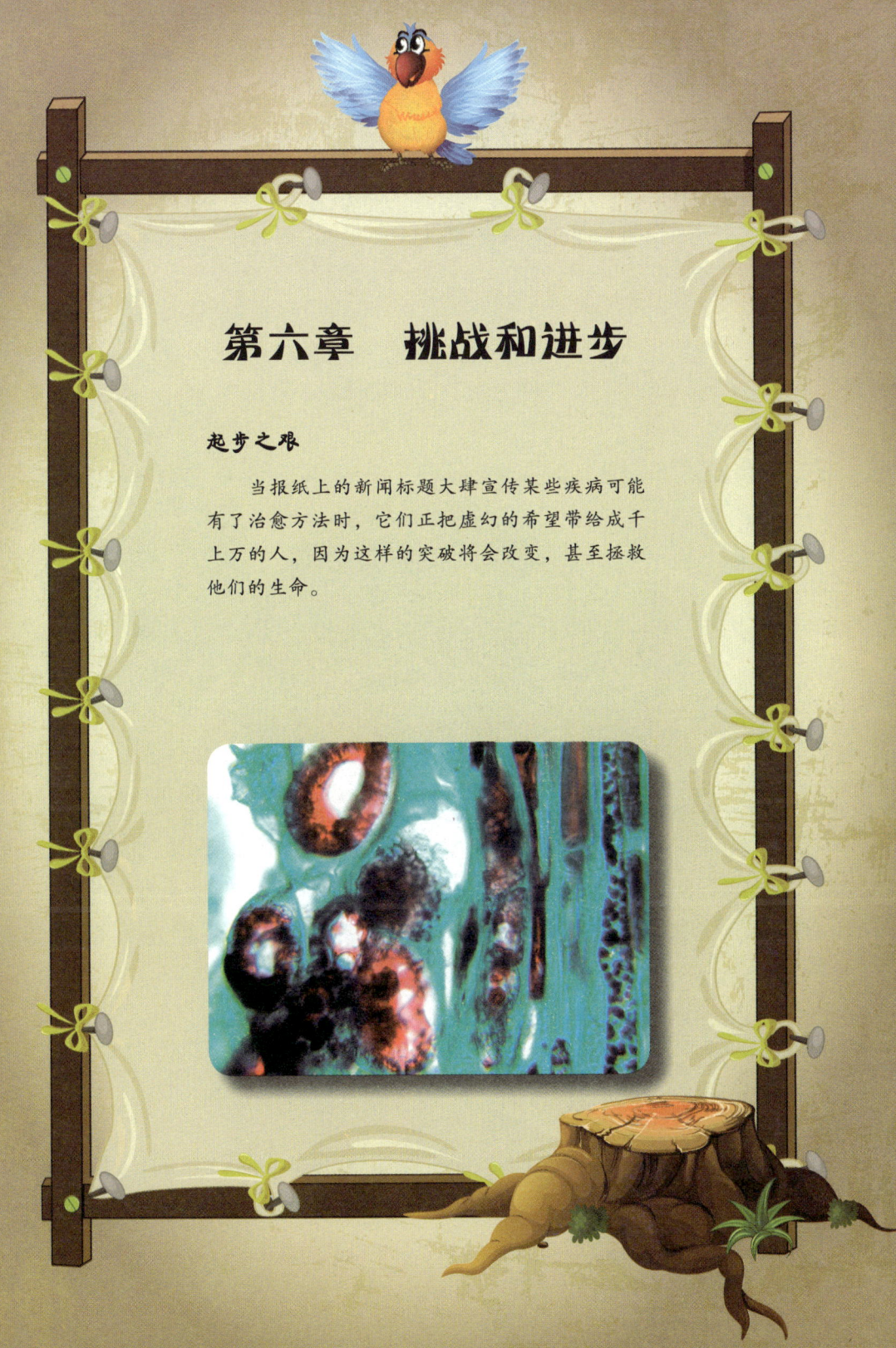

21 干细胞
st CENTURY SCIENCE

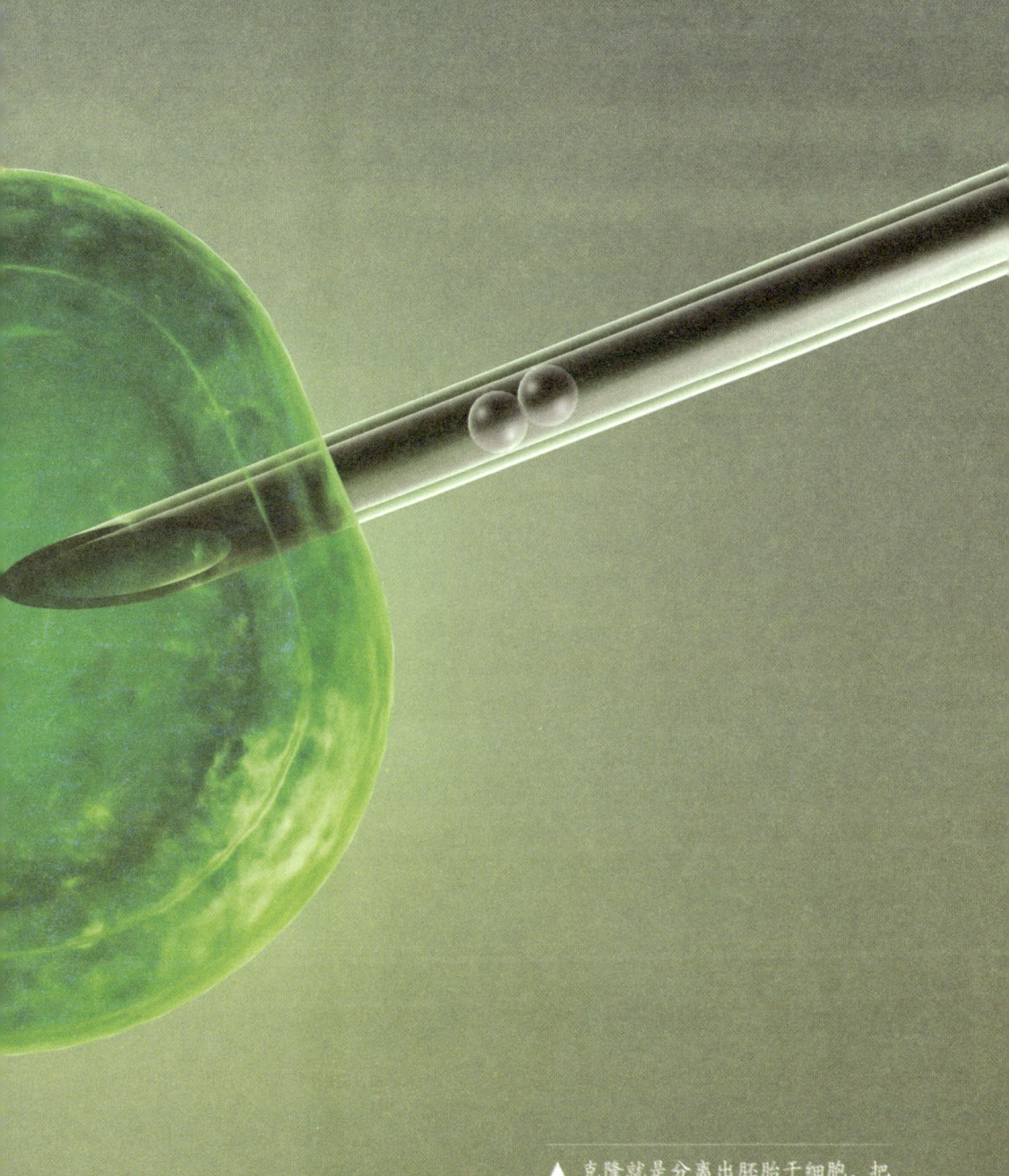

▲ 克隆就是分离出胚胎干细胞,把它植入去除了细胞核的卵细胞。

第六章 挑战和进步

现实是新疗法的研发是一个极其漫长的过程。有时候,一个在实验室中前景很好的疗法在人体上进行测试时,却没有效果。有些公司利用公众的这种希望牟利,向患者提供没有经过充分临床测试的干细胞疗法。这种情况的最好结果是患者仅仅损失了一些金钱,最坏的后果是危及患者的生命。

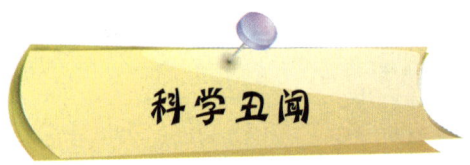

2005年,韩国科学家黄禹锡成了民族英雄,他在《科学》上发表论文,宣称他已经克隆出了世界上第一个人类胚胎并提取出了干细胞。

一年以后,黄禹锡的团队又宣布他们已经克隆出人类胚胎干细胞,这些细胞的基因可以和个体的父母进行配型。但人们对黄禹锡的研究存有疑问,学校当局开始进行调查。结论是:他2004年的论文中的数据造假,《科学》也撤回了他发表的论文。稍后,黄禹锡被控告,罪名包括以虚假成果接受200万美元的私人捐助,挪用公款和买卖卵子,这些做法都违犯了韩国法律。

2009年10月,他被判有罪,最终勉强躲过了4年的牢狱之灾,被判处缓刑。

此外,科学界还有论文抄袭的问题,有一篇论文宣称使用胚胎干细胞制造出了精子。论文的作者是英国纽卡斯尔大学的科学家。据披露,论文的引言部分抄自一篇他人名下的文章。虽然研究本身没有受到质疑,但对于像干细胞这样的新兴学科来说,这一类事件让其失色不少。

▼ 黄禹锡在新闻发布会上为他的行为道歉。

干细胞和伦理

医学伦理就是用道德观念来判断医学事务和研究中的问题。干细胞研究不是唯一引起热烈的伦理争论的医学分支,但它是最为人们关注的领域之一。

▼ 奥巴马总统于2009年2月9日宣布终止在美国实施了8年之久的干细胞资助禁令,他同时签署了一项新的行政命令以兑现他的竞选承诺。

干细胞和政策

大多数争论都围绕着研究新疗法时所需要的原材料。人类胚胎干细胞取自于四天到五天大的胚胎，这些胚胎都是试管受孕手术的遗留物。被使用的都是已被扔弃的、不可能成长为婴儿的胚胎。但是，仍有人反应强烈，因为胚胎就是潜在的人，它不应被用于研究。

在美国，直到最近都禁止联邦政府资助涉及胚胎干细胞的研究。奥巴马总统取消了这条法令，但仍有人反对使用胚胎干细胞的主张。

由伊恩·威尔穆特博士领导的苏格兰爱丁堡的科学家宣称，他们能够通过对皮肤细胞重新编程，得到与胚胎干细胞相似的细胞，这预示了解决伦理关注的一种途径。如果能制造出数量无限的成人干细胞，使它们有能力转化为体内的任何细胞，那么干细胞研究所面临的伦理挑战将成为明日黄花。

21 干细胞
st CENTURY SCIENCE

▶ 干细胞被保存在严格控制的温度环境中,这里的温度是零下80摄氏度。

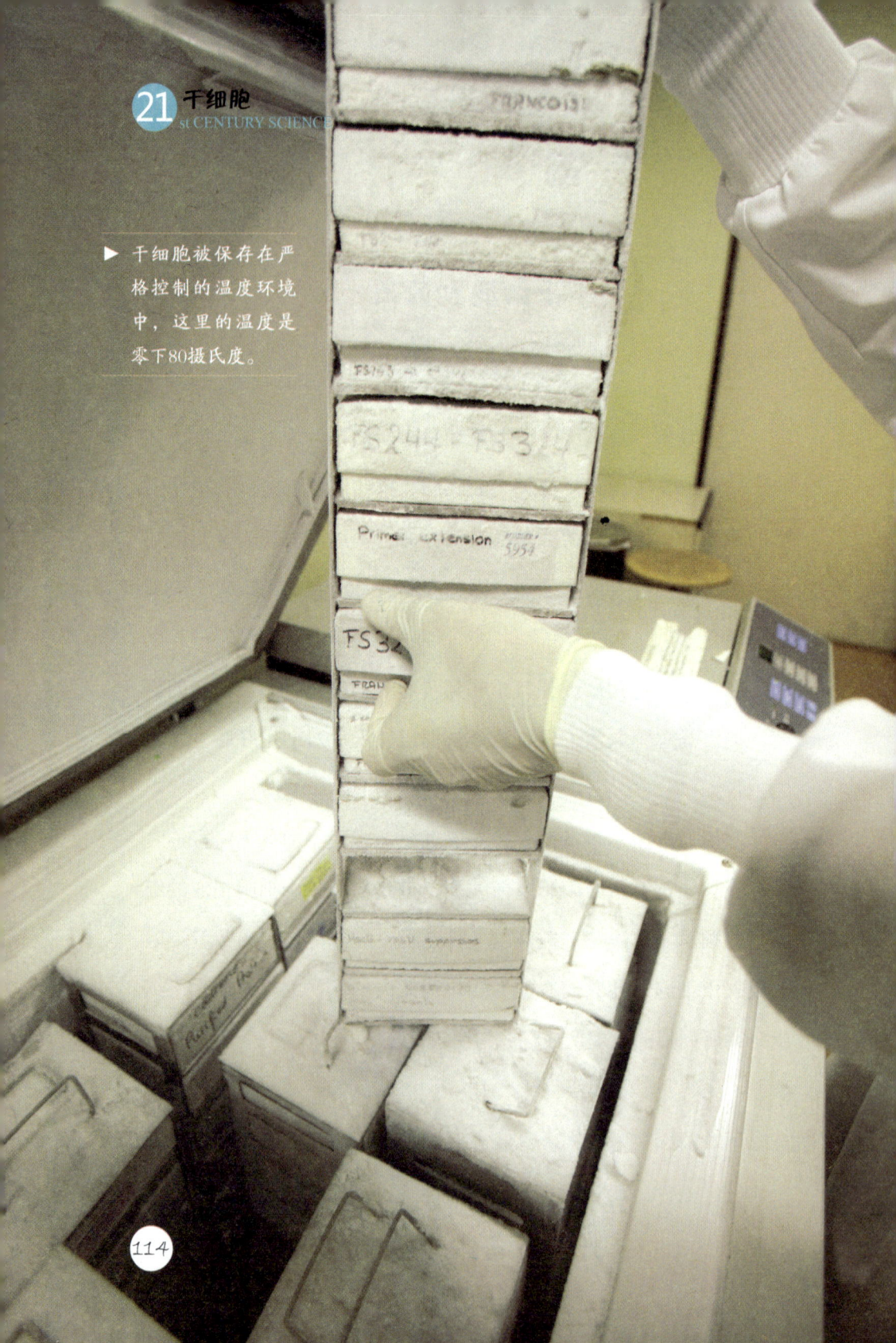

科学生涯

滕奈勒·路德维格博士是WiCell研究所的资深教授,这个研究所是一家非营利的研究机构,设立它是为了支持美国麦迪逊大学的人类胚胎干细胞研究。路德维格博士研发出了第一个用一种叫做TeSR1的营养物维持和培养人类胚胎干细胞的系统。她目前的工作重心是改进对干细胞的培养方法。

一日掠影……

路德维格博士监管着一所实验室,因此她的大部分时间都在设计实验，分析实验结果，其他人负责具体实施实验。她现在的工作内容还包括开会，与其他科学家交流信息。她相信工作越努力，成果越出色，也就有更多的机会与他人交流，向他人学习。

斯人斯语……

"对我而言，最满意的经历就是研究问题，寻求问题的答案，在某个亮点找到答案。有时候，你是世界上唯一知道这个答案的人。接下来，你有机会跟全世界分享你的答案……这又会带来更多的问题，又需要去寻求更多的答案。"

组织排斥的难题

我们身体的免疫系统在不断地击退微生物、病毒和有毒物质的入侵。当一位患者接受了组织或器官的移植手术（或者血型不匹配的输血）时，他们的身体也会把这些当做入侵者，发动一系列有害的攻击性行为。

处于这种状况的患者——如一位接受了肾脏移植手术的患者——就得服用抑制免疫系统的药物以减弱免疫系统的排斥反应。这就使患者暴露于其他各种感染之下，整个余生他们也许都得服用药物。唯一例外的是眼部的眼角膜移植，这里没有血液供给。这说明免疫系统的"卫兵"或抗体，到达不了没有血流的地方。同卵双胞胎之间的移植通常也没有排斥反应，因为他们的组织类型可能相似。

课题研究：

干细胞的新来源

研究内容： 科学家想创造出多能干细胞的新来源，这样就不用使用或破坏胚胎。这项工作包括建立世界上第一个通用干细胞库，以及实现治疗大批人群而无需抑制免疫系统或担心组织排斥。

研究团队： 美国加利福尼亚州国际干细胞公司的叶连娜·雷瓦萨瓦博士和尼古拉·图罗夫博士。

研究过程： 卵母细胞是尚未受精的卵细胞。研究团队从正常排卵或诱导排卵的女性那里取到了成熟的卵母细胞。然后使用化学药品模仿精子的作用,结果显示这样得到的干细胞是多能的。

研究结论: 国际干细胞公司已经用女性捐赠者的卵子制造出了干细胞,并把它们转化成了具备不同特征的细胞。这也许可以使再生医学治疗不用再抑制免疫系统。

▲ 从这张明亮的显微照片中可以看到对一个单个细胞进行的显微注射,也就是把外来的DNA注入细胞核,这种技术被应用于癌症研究中。

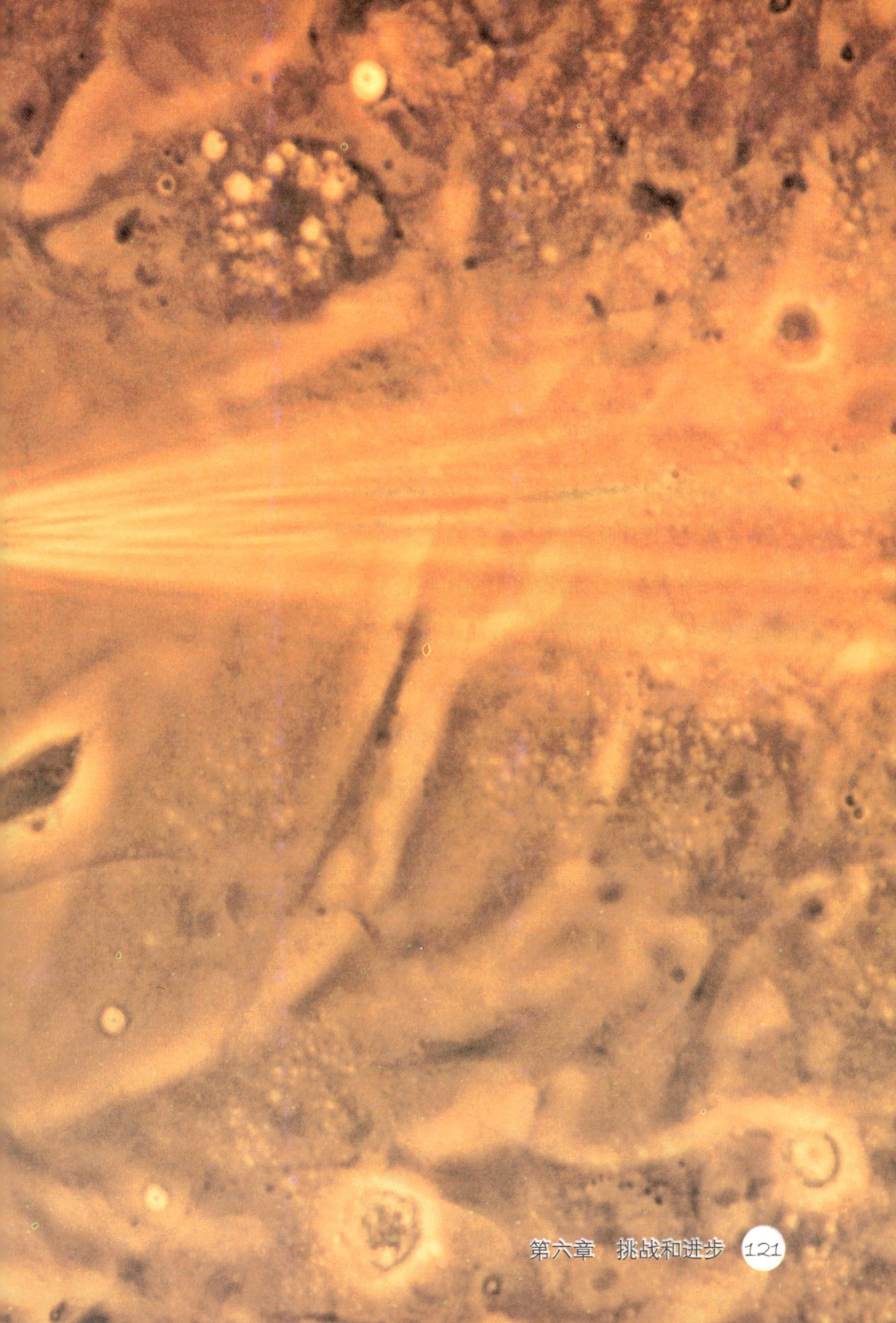

第六章 挑战和进步

如果用于治疗的干细胞取自另外一个人，那就可能引起组织排斥。绕过这个问题的唯一方法就是从患者自己身上提取细胞，或者对干细胞进行加工，使它们能够应对免疫系统。

一种很有前景的做法是使用胚胎干细胞，用患者自己的DNA取代干细胞原有的DNA，这叫做治疗克隆，它不同于再生克隆。这个过程不涉及复制人体或受精。

另外一种方法是先破坏患者自身的免疫系统，再用捐献者的免疫细胞取代它。但是这种做法风险很高，在新的免疫系统开始工作前，患者数月内都处于感染的危险之中。寻找一种能让干细胞不被当做外来组织排斥的方法仍然是这个领域最大的挑战，世界各地的许多科学家都在为此而工作。

细胞失控的危险

癌症本质上就是细胞生长变化的失控。正常的细胞有几个特征，比如，它们能够精确地自我复制；它们在恰当的时间停止再生；它们合理地聚在一起，如果受损它们会自我毁灭；它们有专门分工，只行使自己的特定功能。而癌细胞则不停地再生，不遵从其他细胞的信号，不聚集在一处，也没有专门分工。

正常细胞与癌细胞

2009年，这一研究领域出现了几项重大突破。两支独立的研究团队——一支在苏格兰的爱丁堡大学，另一支在加拿大多伦多的西奈山医院——各自宣称他们找到了把天然DNA植入细胞的方法，等基因一旦完成任务，再把DNA移除出来。癌症的基因链接指的是一种致癌基因把正常细胞转化成了癌细胞。

这并不是干细胞和癌症之间的唯一联系,现在人们认为一种叫做癌症干细胞的细胞是肿瘤生长的幕后推动力。这种理论认为经过治疗,一小部分留存下来的癌症干细胞杀死了其余的癌细胞,然后又使它们重新出现。了解了病情是如何发展的之后,就可以使治疗专门针对癌症干细胞。

麻省怀特海德生物医学研究所、麻省理工学院博德研究所以及哈佛大学的科学家们研究出了筛选方法,使他们能够确定哪种化学药剂针对的是哪种细胞。目前,他们已经确定了一种可以杀死白鼠乳腺癌干细胞的药物。不过,他们的工作还仅限于动物测试。

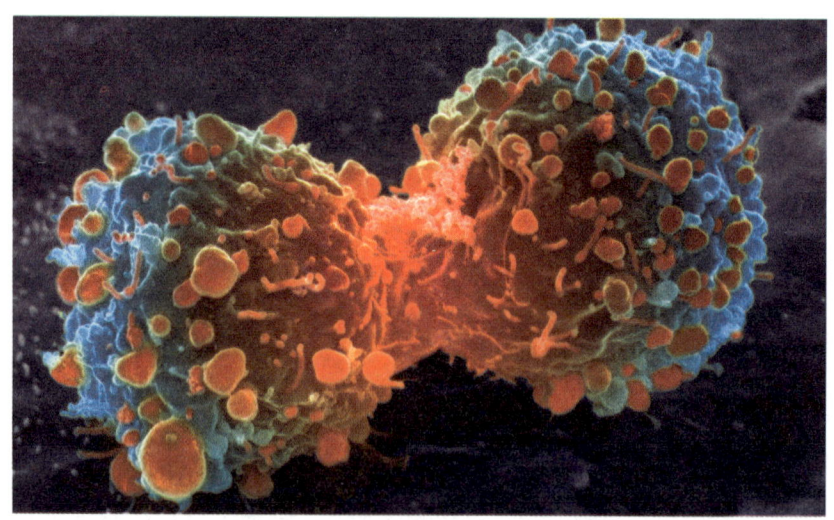

▲ 这是一个肺癌细胞,它正在分裂为两个子细胞。癌细胞以无序的、失控的方式快速分裂。

研究内容： 斑马鱼对研究癌症和干细胞非常有用，因为它的基因和人类的基因非常相似。有一个研究团队要培植透明的成年斑马鱼，这样就能够看到干细胞和癌细胞内部活动的每一个细节。

研究团队： 达那-法伯癌症研究所和哈佛医学院的理查德·怀特博士，波士顿儿童医院的詹妮弗·切赫，得克萨斯大学的安娜·塞萨，马萨诸塞州立大学的奥斯汀、克里斯·伯克，以及哈佛大学的弗兰克·

陈。团队里还有波士顿儿童医院的伦纳德·佐恩。

研究过程：团队从动物身上分离出了供体干细胞，并给干细胞加上了绿色荧光蛋白质，然后把这些细胞移植到斑马鱼体内。这些细胞用了三周的时间遍布周身血液，最终进入骨髓。团队通过骨髓中绿色荧光质的数量计算出了上述时间，然后用癌细胞重复了同样的程序。

研究结论：全世界的100多所实验室分享了这一成果。团队发现细胞寻找落脚点的方式既充满活力，又井然有序，真令人难以置信。

第七章　走向未来

基因疗法和干细胞

　　基因疗法和干细胞的治疗性应用是新型的、实验型的科学分支，拥有巨大的潜能。仅在美国就有大约450种基因疗法正在进行测试，其中相当数量的疗法都使用了干细胞。

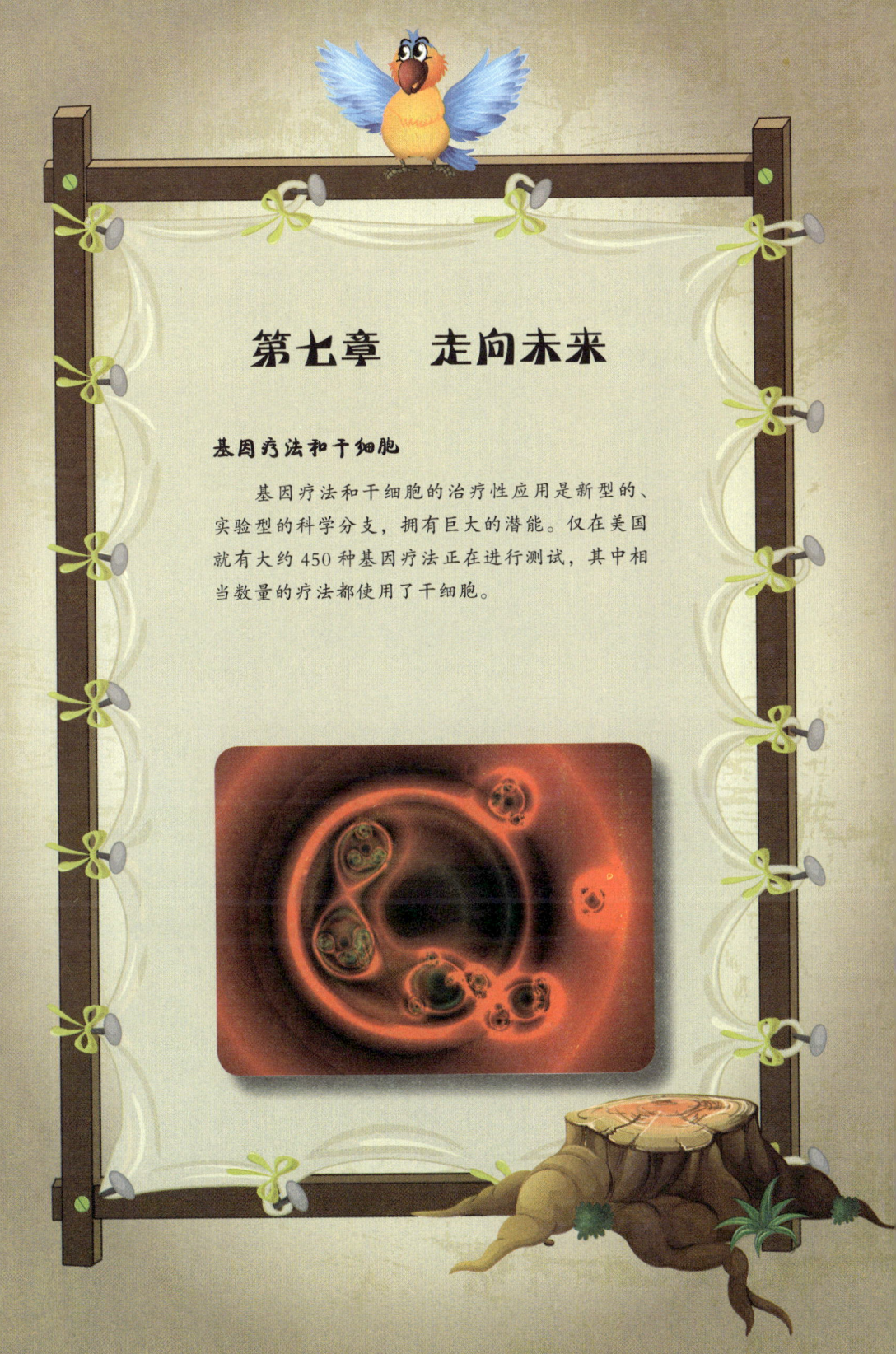

21 干细胞
st CENTURY SCIENCE

▲ 通过破解人类DNA中蕴含的遗传信息，将来有可能治愈遗传类疾病。

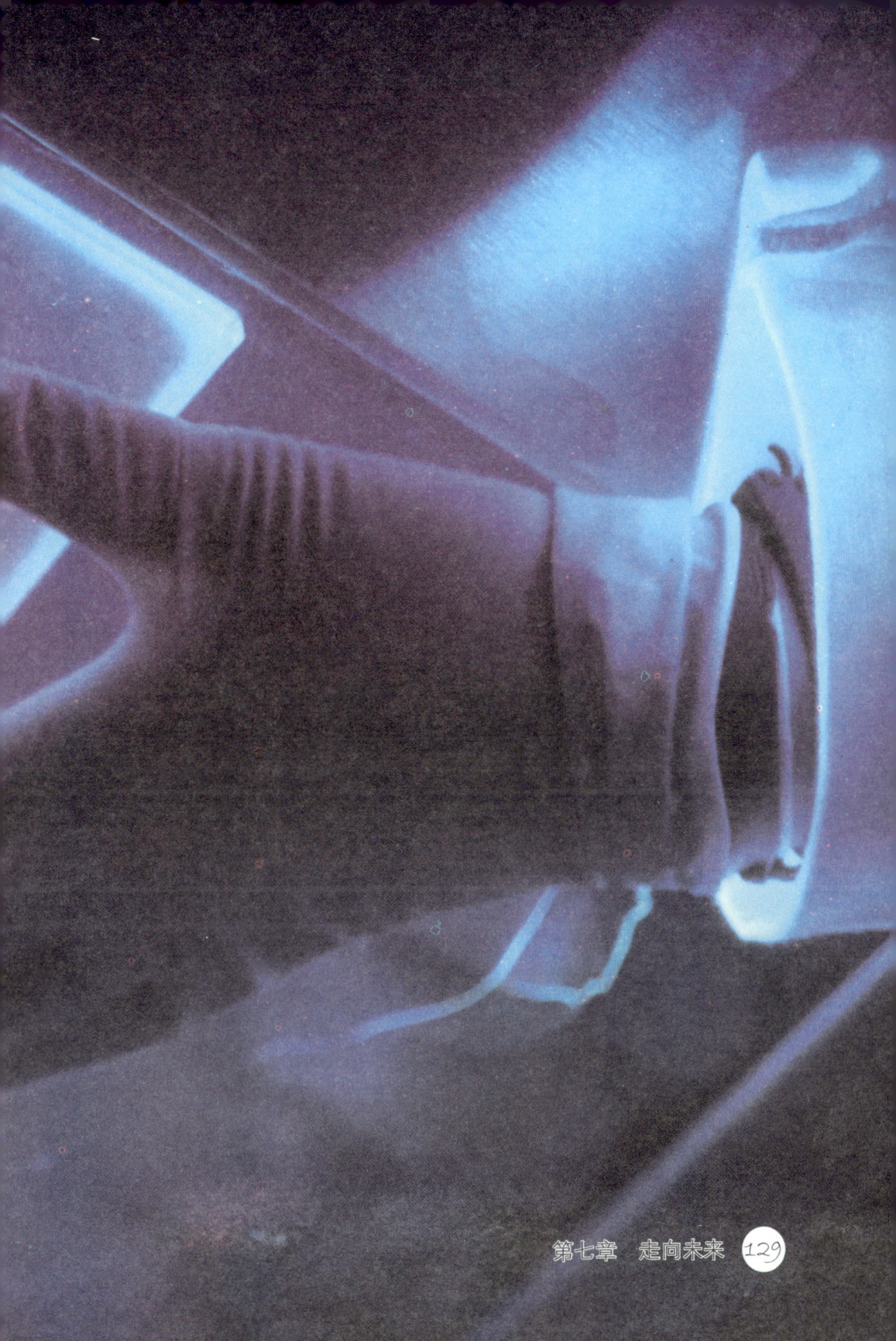

什么是基因疗法？

基因疗法就是用健康的基因替代致病的非正常基因。要使基因就位极为困难，病毒经常被用作载体。病毒的基本特性使它成为担当这一角色的理想选择。它们影响健康细胞的方式是把自己的基因物质植入细胞内。科学家发现，可以合理地操控病毒，利用它们把健康的基因植入受损的细胞。

干细胞的潜能对基因疗法很有用，因为它们有能力自我更新。在理论上，这意味着基因疗法无需在患者身上重复使用。干细胞会不断复制出健康的细胞，这些细胞会各司其职，并丢弃受损基因。

这个领域让人激动的事情还有很多，但基因疗法最早的研究者之一、美国费城大学的詹姆斯·威尔逊却强调，1999年有一位18岁的男孩死于基因疗法。他警告科学家应该小心围绕基因疗法产生的炒作。

▲ 这片角膜块是在实验室中生成的。它由眼角膜层的细胞生成,在合适的条件下,它可用于治疗眼部疾患。

移植手术已经实施了50多年,但器官总是不够,有了器官,又总是要面临身体排斥外来组织的问题。如果用没有相容问题的患者组织细胞生长出无限量的器官,那情况会怎么样呢?

这就是组织工程学的目标之一,这门学科就是通过操控细胞来生成新的组织,可以是任何组织,从软骨到皮肤、肌肉或骨骼,甚至整个器官,如心脏、肾脏和肝脏。

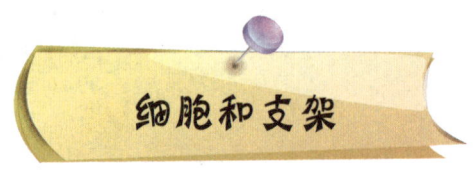

组织的生长必须从单个的细胞开始,生长必须在支架上进行,以帮助组织长出合适的形状和特征。这些组织就像一个生命系统,得有充裕的血液供给,还要有其他供其生长的物质。细胞可以是患者的细胞和捐赠者的细胞的结合体。

组织工程学中用于支架的材料五花八门，包括硅片和胶原蛋白。胶原蛋白是人体中大量存在的蛋白质，它就像"胶水"一样，把我们的器官和皮肤粘在一起。在组织工程学中，所有的组织细胞都被剥除，用新的细胞来替代。一旦组织长到可以自我支撑，由胶原蛋白制成的支架就溶解了。

当干细胞的研究领域也涉足身体的再生，以及用新的、健康的细胞取代患病的细胞时，组织工程学就对它青睐有加了。2008年，一位西班牙妇女在手术中接受了新气管的移植，挽回了生命。这个器官由她自己的细胞生成，其中就包括干细胞。气管生长的支架由一位已逝患者捐赠的一小块气管制成。手术非常成功。

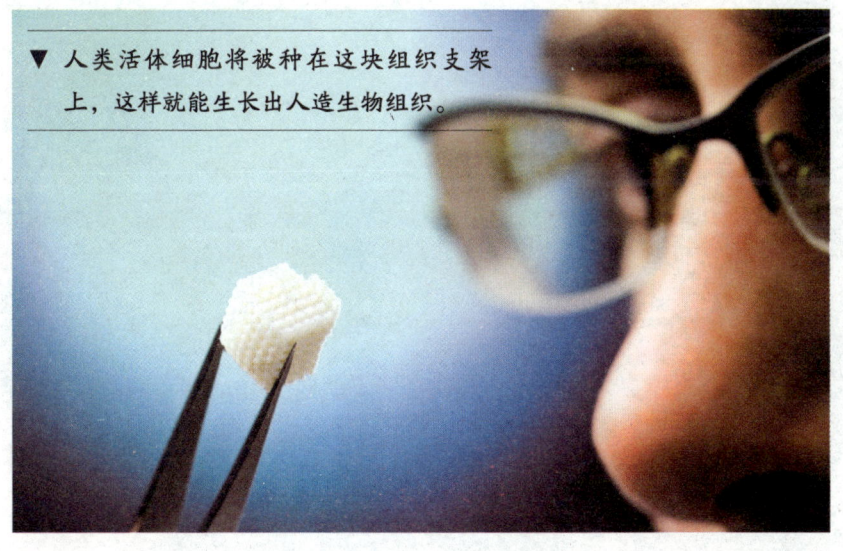

▼ 人类活体细胞将被种在这块组织支架上，这样就能生长出人造生物组织。

研究内容：研究的目的是通过更改人类干细胞系的基因，用荧光蛋白质来监测人类胚胎干细胞成长为红细胞的过程。

研究团队：澳大利亚维多利亚州莫纳什大学免疫学与干细胞实验室的安德鲁·埃莱凡蒂教授和埃德·斯担利，以及他们的团队。

研究过程：团队先给水母植入绿色荧光蛋白质编码DNA，这样在特定波长的光照下，细胞会发出绿色荧光。然后再把红色荧光蛋白质的编码DNA植入细胞，这样只有正在生长的红细胞发出红色荧光。

研究结论：团队发现细胞闪烁着绿色荧光，红细胞发出红色荧光。只有红色荧光细胞依靠基因成为人类血红蛋白。团队把这些细胞植入白鼠体内后，他们能够通过红色和绿色荧光辨识出人类细胞。

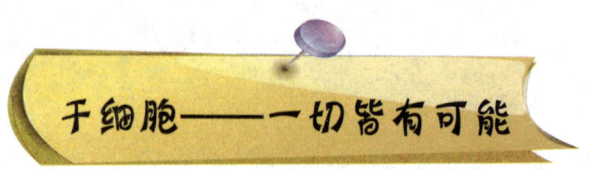

当美国总统奥巴马解除了对于干细胞研究资助的禁令后,全世界从事干细胞研究的科学家都倍受鼓舞。研究者受益于知识的发展,即使这些知识有时来自于其他研究团队或机构,因为新技术和突破会渗入科学界并驱动更多的研究。

2009年,美国国立卫生研究院对13组胚胎干细胞系——11组来自波士顿儿童医院,2组来自于纽约市的洛克菲勒大学——进行了授权,这些胚胎干细胞系将用于由公共基金资助的科学研究。

干细胞研究尚处于初级阶段,大多数情况下,用功能正常的细胞取代老旧的、患病的细胞仍然是多年以后的一个梦想。干细胞研究还有巨大的技术障碍需要克服,还面临有些人出于伦理和

宗教原因的强烈反对。

如果在谷歌新闻中键入"干细胞"这几个字，就会出现过去10年中见诸媒体的4000多条新闻报道。干细胞是一个热门话题，而且会引起持久的争论，其中有些争论非常激烈。但是，对那些因为事故和疾病影响到生命的人来说，干细胞研究给他们带来了希望。

不幸的是，能够方便地接受干细胞治疗的日子还需要漫长的等待。2009年9月，英国一家报纸做的调查发现，数以百计绝望的父母为了治疗孩子，每家花费3万多英镑去外国接受打折的、未经论证的干细胞治疗。一名重要的科学家把寻求这种治疗的风险等同于虐待儿童。长期患病或病情已进入晚期的人想要抓根救命稻草的做法是可以理解的，这些报道不应贬损干细胞研究取得的真正进步。

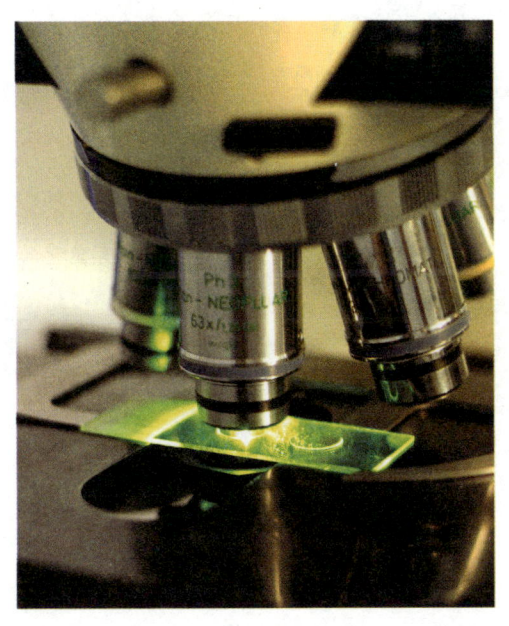

现在美国已经取消了研究限制，这使干细胞的研究确实拥有了更加美好的未来。

脂肪：存在于脂肪组织中的脂肪细胞。

艾滋病：获得性免疫系统缺乏综合征，人类免疫系统的致命疾病。

抗体：血液中的蛋白质，会对过敏物质作出反应。

细胞凋亡：也叫做程序性细胞死亡，细胞因为生命期有限或受到损伤而进行的自我毁灭。

自体免疫性疾病：身体免疫系统过分反应，攻击自身细胞而造成的疾病。

生物技术：利用生命有机体的部分或全部来解决问题或实现功能的科学分支。

胚泡：仅含有细胞团的胚胎早期发育阶段。

碳水化合物：一种化合物，比如含有能量的淀粉。

心肌细胞：心脏肌肉细胞。

细胞系：在组织培养物中生成的细胞，是单亲细胞群的产物。

克隆：生命体的一种生长过程，产生的生命体与其祖先有着相同的基因。

DNA：脱氧核糖核酸，人类基因蓝图的构造者。

胚胎：生命体在子宫内的早期形态。

胚胎干细胞：在人类胚胎尚未定型前，取自其内部细胞团的干细胞。

酶：一种生物催化剂，能够加速生物体内的化学反应。

真核状态：多于一个细胞的有机体。

基因：DNA中的一种分子，它决定着后代会继承哪些特性。

基因疗法：用健康的基因来取代致病的异常基因的治疗方法。

失血性中风：由脑内血管破裂引发的中风。

诱导性多功能干细胞：对成人细胞进行基因重组以使它能够成为任何类型的细胞。

内部细胞团：胚泡的内里部分，其所含的细胞可以发育为人类身体。

胰岛素：一种激素，它调控着人体内的葡萄糖。

缺血性中风：由血液凝块或出血引发的中风。

淋巴液：遍布全身的一种液体，它携带的细胞对抗感染，抑制疾病。

淋巴细胞：白细胞的一种，是防护身体的重要卫士。

线粒体：为细胞提供能量的组织。

单克隆抗体：克隆出的抗体，与癌症干细胞共生并对其进行干扰。

神经元：也叫神经细胞，大脑和神经系统的细胞。

细胞核：细胞内含有细胞遗传信息，并控制细胞成长与再生的部分。

细胞器：细胞内执行特定功能的部分。

胰腺胰岛细胞：也叫胰岛，是胰腺中产生胰岛素等激素的区域。

细胞膜：细胞的外层薄膜，保护着细胞并把它和外界杂物隔离开。

多能干细胞：有能力成长为体内任何种类的细胞。

原核细胞：指单细胞生物，它不会成长或变化成为更复杂的形式。

核糖体：细胞中产生蛋白质的部分。

治疗法：指对疾病的治疗。

全能干细胞：有能力成长为整个生命体的细胞，将专门成长为多能干细胞的细胞。

滋养层细胞：胚泡细胞的最外层部分，这些细胞会成长为胎盘的一部分。

合子：由精子和卵子结合而成的受精卵。